上海大学出版社

2005年上海大学博士学位论文 45

有理单元法研究

● 作者：王兆清

● 专业：固体力学

● 导师：冯　伟

Shanghai University Doctoral
Dissertation (2005)

Study on Rational Element Method

Candidate: Wang Zhao-Qing
Major: Solid Mechanics
Supervisor: Feng Wei

Shanghai University Press
· Shanghai ·

上 海 大 学

本论文经答辩委员会全体委员审查，确认符合上海大学博士学位论文质量要求.

答辩委员会名单：

主任：	刘正兴	教授，上海交大工程力学系	200030
委员：	叶志明	教授，上海大学土木系	200072
	金吾根	教授，复旦大学力学系	200433
	程玉民	教授，上海大学力学研究所	200072
	聂国华	教授，同济大学工程力学系	200092
导师：	冯　伟	教授，上海大学力学研究所	200072

答辩委员会对论文的评语

王兆清的博士论文《有理单元法研究》以工程材料数值模拟需要多边形单元为研究背景，组合 Shepard 插值的逆距离权和自然邻点插值考虑节点分布的思想，采用几何的方法在多边形单元上，直接构造出有理函数形式的插值函数. 进而建立了求解工程中偏微分方程的新型数值方法——有理单元法. 论文研究取得了以下创新性成果：

采用几何的方法构造出多边形单元上的有理函数插值. 证明了多边形有理函数插值的有关性质. 给出了有理函数插值的计算代数表达式和计算流程.

将多边形有理函数插值应用于凸域上温度分布的有理函数插值近似，克服了传统有限元插值由于在区域内布点造成的区域内温度梯度不连续的缺陷.

采用几何的方法构造出多边形单元上有理函数形式的混合函数，建立了多边形单元上的有理超限插值格式，进而得到四边形单元上的有理 Coons 曲面片. 给出了有理混合函数的计算表达式.

将有理 Coons 插值应用于矩形区域上温度场分布的插值近似，改进了有理函数插值在矩形区域温度场分布插值近似过程中，局部区域精度较差的缺陷.

将 Delaunay 三角化的概念推广到 Delaunay 多边形化，提出 Delaunay 多边形化网格自动生成技术. Delaunay 多边形化网格自动生成技术使得复杂区域的网格划分非常灵活方便.

以多边形单元上的有理函数插值作为试函数,采用加权残数法建立了求解势问题偏微分方程的新型数值方法——有理单元法.讨论了有理单元法计算误差的来源.给出了三种不同的数值积分方案,讨论了三种数值积分方案对计算误差的影响.

以多边形单元上的有理函数插值作为试函数,采用 Galerkin 法建立了求解弹性力学问题的有理单元法.讨论了计算刚度矩阵数值积分时积分点的数量对计算精度的影响,给出了有理单元法数值积分的优化方案.

利用有理单元法对非均质材料进行了数值模拟.通过在材料界面布置节点,由 Delaunay 多边形化技术自动在圆形夹杂区域生成多边形单元.与传统有限元法相比,同样的节点数量单元数减少,从而减少了计算的时间.

论文工作具有创新性和实际应用价值.在单元构造等方面的工作显示出王兆清同学具有坚实的数学力学基础功底,系统深入的固体力学数值方法理论,以及很强的科研工作能力.论文条理清楚,行文流畅,逻辑严密,公式推导正确,数值算例真实可靠,是一篇优秀的博士学位论文.

答辩委员会5票一致通过王兆清同学的博士论文答辩,并建议授予工学博士学位.

答辩委员会主席:刘正兴

2004年12月25日

答辩委员会表决结果

经答辩委员会表决,5票一致同意通过王兆清同学的博士学位论文答辩,建议授予工学博士学位.

答辩委员会主席:**刘正兴**

2004年12月25日

摘　要

根据材料的细观结构将非均质材料区域划分成多边形单元,可以方便有效地模拟非均质材料的细观性能. 传统有限元法在多边形单元上难以构造满足协调性要求的多项式位移试函数. 即使在四边形单元上,传统有限元法位移试函数的构造也依赖于等参变换. 本文组合 Shepard 插值的逆距离权思想和自然邻点插值考虑节点分布的思想,采用几何的方法在多边形单元上,直接构造出有理函数形式的插值函数. 进而利用构造出的有理函数插值,建立了求解偏微分方程的新型数值方法——有理单元法.

本文以多边形单元上有理函数插值的构造和应用为主线,主要取得以下创新成果:

一、采用几何的方法构造出多边形单元上的有理函数插值. 证明了多边形单元上有理函数插值的有关性质. 给出了有理函数插值的计算代数表达式和计算流程,利用该表达式可以方便地编写计算程序. 构造的有理函数插值与 Shepard 型插值相比,考虑了平面节点分布对插值的影响;与自然邻点 Laplace 插值相比,不需要进行自然邻点的寻找;与 Wachspress 型插值相比,不含有待定参数,方便程序的编写;在三角形单元和矩形单元上,多边形有理函数插值分别等价于传统有限元的三角形面积坐标插值和四边形双线性插值;有理函数插值在多边形单元上是直接构造,不需要进行等参变换处理.

二、对圆形区域上的曲面利用有理函数插值进行重构. 利用区域边界有限个点的信息,采用有理函数插值重构曲面. 算例表明有理函数插值得到的重构曲面,能够很好地反映出真实曲面的特征.

三、将构造出的有理函数插值应用于凸区域温度场分布的插值近似. 利用区域边界点的温度值,采用有理函数插值得到区域内部点的温度近似值. 有理函数插值得到的温度场近似分布在区域内温度梯度是连续的,克服了传统有限元插值由于在区域内布点造成的区域内温度梯度不连续性的缺陷. 数值算例表明,有理函数插值得到的温度场近似分布,能够很好地反映真实温度场分布的特点.

四、采用几何的方法构造出多边形单元上有理函数形式的混合函数,建立了多边形单元上的有理超限插值格式,进而得到四边形单元上的有理 Coons 曲面片. 给出了有理混合函数的计算表达式. 与传统 Coons 插值的线性混合函数不同,有理 Coons 插值的混合函数是非线性的,在曲面重构过程中这将有助于反映复杂曲面的特征. 数值算例表明,对于复杂曲面,有理 Coons 插值重构的曲面比传统的 Coons 插值更准确反映出真实曲面的特征.

五、将有理 Coons 插值应用于矩形区域上温度场分布的插值近似,改进了有理函数插值在矩形区域温度场分布插值近似过程中,局部区域精度较差的缺陷. 数值算例表明,对于凸域上温度场分布的插值近似,有理函数插值适合于圆形区域,有理 Coons 插值适合于矩形区域.

六、将 Delaunay 三角化的概念推广到 Delaunay 多边形化,提出 Delaunay 多边形化网格自动生成技术. 对于给定的节点分布,由 Delaunay 多边形化网格自动生成技术,可以自动生成计算区域的多边形单元网格. Delaunay 多边形化网格自动生成技术使得复杂区域的网格划分非常灵活方便. 算例表明,Delaunay 多边形化网格自动生成技术不但能生成多边形的单元网格,而且能够生成传统有限元的三角形/四边形计算网格.

七、以多边形单元上的有理函数插值作为试函数,采用加权残数法建立了求解势问题偏微分方程的新型数值方法——有理单元法. 讨论了有理单元法计算误差的来源. 给出了三种不同的数值积分方案,讨论了三种数值积分方案对计算误差的影响,由此确定了一种使计算误差最小的积分方案——中心三角形积分方案. 数值算例表明,有理单元法求解温度场分布问题具有令人满意的精度.

八、以多边形单元上的有理函数插值作为试函数,采用 Galerkin 法建立了求解弹性力学问题的有理单元法. 讨论了计算刚度矩阵数值积分时积分点的数量对计算精度的影响,给出了有理单元法数值积分的优化方案. 数值算例表明,有理单元法在求解弹性力学问题时,不论是位移还是应力都有较高的精度.

九、利用有理单元法对非均质材料进行了数值模拟. 通过在材料界面布置节点,由 Delaunay 多边形化技术自动在圆形夹杂区域生成多边形单元. 与传统有限元法相比,同样的节点数量单元数减少,从而减少了计算的时间.

基于多边形单元有理函数插值的有理单元法,由于采用多边形单元,使得区域网格划分更加灵活,克服了传统有限元法对多边形单元难以构造满足协调性要求的多项式形式位移插值的难题. 有理单元法在非均质材料的数值模拟中具有较大的优势.

关键词 多边形单元,有理函数插值,有理单元法,有理超限插值,有理Coons曲面片,温度场分布,曲面重构,弹性力学,数值模拟,Delaunay多边形化,网格剖分,非均质材料

Abstract

Dividing heterogeneous material domain into polygonal elements mesh based on its microstructure, it is convenient and efficient to simulate properties of heterogeneous materials. Application of the conventional displacement-based finite element method to an element with n nodes runs into difficulty when $n > 4$ because its becomes impossible to ensure interelement compatibility of displacements with n-term polynomial representations. Even quadrilateral elements require the introduction of isoparametric techniques to ensure the interelement compatibility. In this dissertation, combined the ideas of inverse distance weighted of Shepard interpolation and considering distribution of nodes in natural neighbor interpolation, the rational function interpolation (RFI) is directly constructed adopting geometric method on a polygonal element. Furthermore using rational function interpolation on polygonal element, a new numerical method, Rational Element Method (REM), for solving partial differential equations based on highly irregular networks is introduced.

In this paper the following subjects are investigated.

Adopting geometric method, the rational function interpolation is constructed on polygonal element. Some properties for RFI are presented and proved. The computational algebraic expression of RFI is given. Using this expression, it is convenient to program it. Compared with Shepard interpolation, the distribution of nodes is considered in the RFI. Otherwise than natural neighbor Laplace interpolant, the RFI needn't to look for interpolating points. Distinguished from Wachspress type interpolation, there isn't undetermined parameters in RFI, so it is convenient to program. In triangular and rectangle elements, the RFI is equivalent to area coordinates of triangular and bilinear polynomial interpolation in quadrilateral, respectively. The RFI is directly constructed on polygonal element. It doesn't depend on isoperimetric transform.

Using rational function interpolation, the surfaces defined on round domain are represented. The numerical tests indicate that the surfaces reconstructed by RFI using information of finite points on the boundary can be wonderfully represented the characters of real surfaces.

The approximation temperature distributions on a convex domain are obtained by using rational function interpolation. The approximation temperature values in the inner domain are calculated using temperature valucs of boundary points. The temperature gradient interpolated by RFI is continuous in the inner domain. It overcomes the defect, which the temperature gradient is non-continuous in the inner domain using conventional finite element interpolation owing to setting nodes in the inner domain. The numerical tests illustrated that the interpolated temperature distribution can be wonderfully represented the characters of real temperature distributions.

Adopting geometric method, the rational blending functions are constructed on polygonal element. The rational transfinite interpolation on polygonal element is presented. The special case, rational Coons patch, is obtained. The expressions of rational blending functions are given. Different from the linearity of Coons patch, the blending functions of rational Coons interpolation are nonlinear. The nonlinear can be benefit to represent the characters of complex surfaces. Numerical tests indicated that rational Coons patch is more vivid to represent the characters for complex surfaces than Coons patch.

The rational Coons interpolation is applied to interpolate temperature distributions on rectangular domains. The defect of local poor accuracy of temperature distributions interpolated by RFI is improved. Numerical tests indicate that RFI is suited to round domain and rational Coons interpolation is suited to rectangular domains for interpolating temperature distributions.

The concept of Delaunay triangulation is extended to Delaunay polygonization. The automatic generating meshes technique for Delaunay polygonization is presented. For given nodes distribution, using Delaunay polygonization technique, the polygonal element meshes can be automatic generated in computational domains. It is convenient and flexible to generate polygonal element meshes on complex domain. Numerical tests indicate that Delaunay polygonization technique is not only to generate polygonal elements meshes but also triangular/quadrilateral elements meshes for conventional finite element method.

Using rational function interpolation on polygonal element as trial and test functions, a new numerical method, Rational Element Method (REM), for solving partial differential equations is presented adopting weighted residual method. The error sources in rational element method are discussed. The optimizing numerical quadrature scheme for computing stiffness matrices is given. The properties of heterogeneous material are simulated by rational element method. Numerical tests illustrated that the accuracy of rational element method is satisfied in practical engineering.

Key words Polygonal Element, Rational Function Interpolation, Rational Element Method, Rational Transfinite Interpolation, Rational Coons Patch, Temperature Distribution, Surface Reconstruction, Elasticity Theory, Numerical Method, Delaunay Polygonization, Domain Subdivision, Heterogeneous Material

目　录

第一章 绪 论

1.1 研究背景

科学研究的方法可以分为三类：理论分析、科学实验和数值模拟.理论分析通过对研究对象的分析和合理假设，建立研究对象的数学模型，进而通过数学手段得到研究对象有关量的解析表达式或定性描述.正确理论的建立对科学和工程技术的发展，起着指导性作用.理论分析主要存在两大困难，一是如何建立能够反映真实情况的数学模型；二是现有的数学手段能否求解所建立的数学模型.通过科学实验所得到的数据与理论分析的结果进行对比，能够验证理论建立的数学模型是否合理.但是由于现实问题的复杂性，理论分析建立的大部分数学模型，都难以得到求解问题的解析解，这极大地制约着科学的发展.随着计算机技术和计算方法的飞速发展，原来不能求解或难以求解的问题，可以采用数值的方法求解[1].数值模拟的方法在现代工程技术中，发挥着越来越重要的作用.数值模拟可以部分取代实验研究，进而减少实验的次数，节约宝贵的研究经费.同时通过数值模拟，可以缩短研究的时间，提高研究效率.

1.1.1 材料的数值模拟

随着科学技术的发展，新型材料不断涌现，正在逐步取代一些传统的结构材料，在一些重要的工程领域，如航空航天、汽车、飞机、核能等领域，得到了越来越广泛的应用.对新型材料力学性能的研究，正从宏观性能向细观性能，直至材料的纳观性能的研究发展[2].研究的方法从经典的等效平均法、单胞法等，向真实材料结构的研究方向发展[3-4].当前材料力学性能数值模拟的主要手段是有限元方法(Finite Element Method, FEM)[3-4]. 对于颗粒增强复合材料等非均质材料,采用传统有限元方法进行数值模拟时,为得到材料准确的力学特性,需要对研究的材料区域划分稠密的有限元网格,这极大地增加了计算的成本.

为降低非均质材料数值模拟的计算成本,S. Ghosh 和 R. L. Mallett (1994)提出了模拟颗粒增强复合材料的 Voronoi 单胞有限元法(Voronoi Cell Finite Element Method, VCFEM)[5]. 基于复合材料的细观结构,VCFEM 将分析区域划分为包含每一个颗粒的 Voronoi 单胞——多边形单元,极大地减少了节点数量. 图 1.1 和图 1.2 分别为采用 ANSYS 软件模拟颗粒增强复合材料的有限元网格和 VCFEM 多边形单元模型[6].

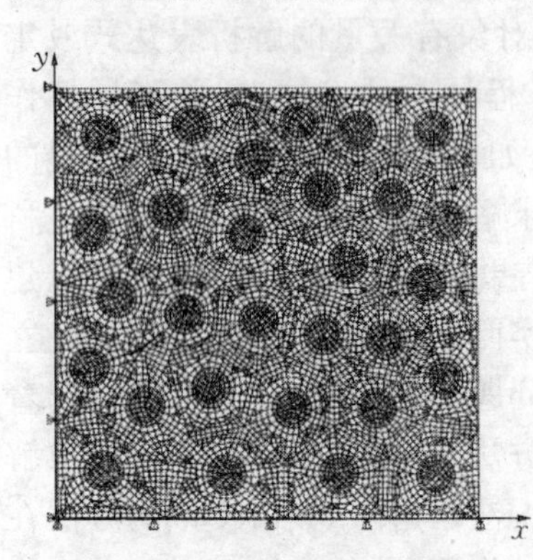

图 1.1　ANSYS 有限元网格

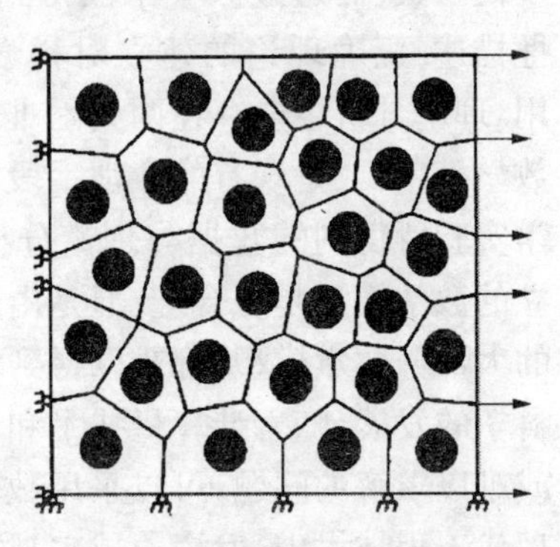

图 1.2　VCFEM 多边形网格

J. Zhang 和 N. Katsube 为模拟含有弹性夹杂的非均质材料,提出了多边形单元的杂交有限元法——杂交多边形单元法(Hybrid Polygonal Element, HPE)[7]. HPE 采用与 VCFEM 不同的多边形网格剖分方法,将夹杂包含在一个任意多边形内,提高了网格划分的灵活性,在模拟含有孔洞和夹杂的焊接材料时,尤为方便. 图 1.3 和图 1.4 分别为焊接孔洞

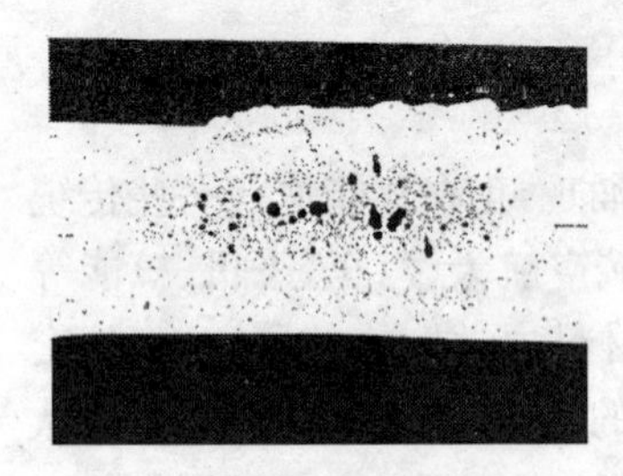

图 1.3　焊接孔洞分布图

分布和 HPE 分析模型[8].

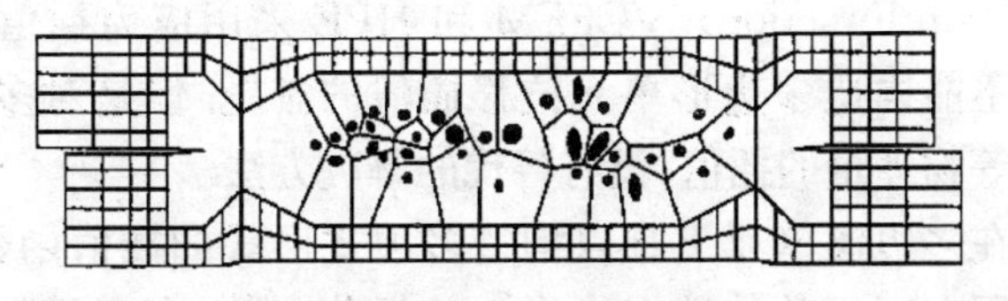

图 1.4 HPE 分析模型

1.1.2 图形色彩插值

插值法广泛应用于计算机图形学中[9],对于多边形区域常用的插值方法是在多边形内部布置节点,将多边形分解为三角形单元,在每个三角形单元上插值,进而得到整个多边形区域的插值图形. 在图形色彩插值中,采用三角形单元上的插值法,需要知道多边形内部节点的值,并且色彩在三角形单元之间存在梯度,降低了插值图形的质量. 直接利用多边形的顶点数据插值,可以得到高质量的插值图形. 图 1.5 为采用三角形线性插值得到的图像,图 1.6 为 G. Dasgupta 和 E. A. Malsch 采用 Wachspress 型插值得到的同一多边形色彩图像[10].

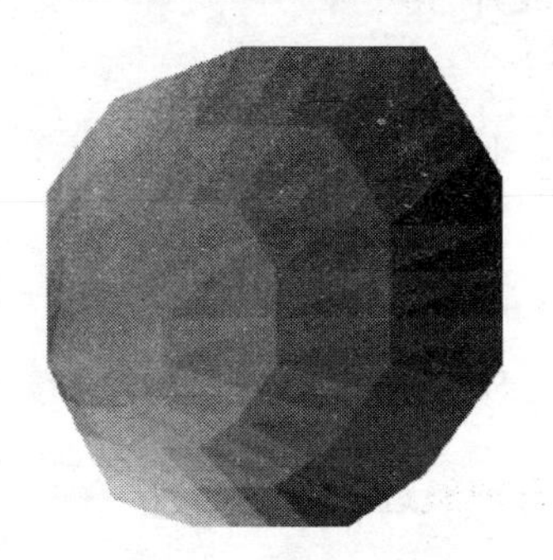

图 1.5 三角形线性插值图像

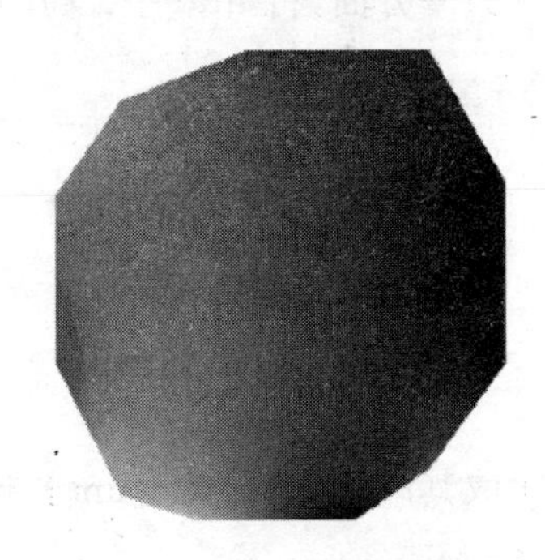

图 1.6 Wachspress 型插值图像

1.1.3 有理函数插值

多边形单元的出现使得有限元网格剖分更加灵活,但是对于多边形单元难以构造满足协调性要求的多项式形式的插值函数(Interpolation Function). VCFEM 和 HPE 采用应力插值的杂交元方法克服不能构造多边形单元位移插值的难题. 但是对多边形上温度和色彩等物理量的插值,没有替代的解决方法.

既然在多边形单元上难以构造多项式形式的插值函数,我们自然想到利用有理函数构造多边形上的插值函数. 有理函数也是一类比较简单的函数,并且在有些情况下,有理函数逼近比多项式函数逼近效果更好. 我们用 Kopal 的一个例子说明这个效果[11].

对于函数 $\ln(1+x)$, 由 Taylor 展开式得

$$\ln(1+x)=\sum_{k=1}^{\infty}(-1)^{k-1}\frac{x^k}{k},\ x\in(-1,1) \tag{1.1}$$

其有限和为

$$S_m(x)=\sum_{k=1}^{m}(-1)^{k-1}\frac{x^k}{k} \tag{1.2}$$

作为 $\ln(1+x)$ 的近似,其误差由 Taylor 展开式的余项确定.

另一方面,将 $\ln(1+x)$ 用连分式展开,得

$$\ln(1+x)=\cfrac{x}{1+\cfrac{1^2\cdot x}{2+\cfrac{1^2\cdot x}{3+\cfrac{2^2\cdot x}{4+\cfrac{2^2\cdot x}{5+\ddots}}}}} \tag{1.3}$$

逐次取其渐近分式,可得 $\ln(1+x)$ 的有理逼近

$$R_{11}(x)=\frac{2x}{2+x} \tag{1.4}$$

$$R_{22}(x)=\frac{6x+3x^2}{6+6x+x^2} \tag{1.5}$$

$$R_{33}(x)=\frac{60x+60x^2+11x^3}{60+90x+36x^2+3x^3} \tag{1.6}$$

$$R_{44}(x)=\frac{420x+630x^2+260x^3+25x^4}{420+840x+540x^2+120x^3+64x^4} \tag{1.7}$$

比较 $x=1$ 时，$S_2(1)$，$S_4(1)$，$S_6(1)$，$S_8(1)$和 $R_{11}(1)$，$R_{22}(1)$，$R_{33}(1)$，$R_{44}(1)$之间的差别，如表 1.1 所示. 函数的精确值 $\ln_2=0.693\ 147\ 18\cdots$，由表中数据可以看出 $R_{44}(1)$的精度要比 $S_8(1)$的精度高出 10 万倍.

表 1.1 ln(1+x) 在 x = 1 处有理逼近和多项式逼近精度比较

n	$R_{nn}(1)$	ε_R	$S_{2n}(1)$	ε_S
1	0.667	0.026	0.5	0.19
2	0.692 31	0.000 84	0.58	0.11
3	0.693 122	0.000 025	0.617	0.076
4	0.693 146 42	0.000 000 74	0.643	0.058

数学上，单变量有理函数插值的研究较多，理论相对完善[12]. 对于工程中需要的多变量有理函数插值则研究的较少. 多变量有理函数插值要比单变量有理函数插值复杂的多，这是因为多变量有理函数插值不仅与插值节点的函数值有关，而且与插值节点的位置分布有关. 对于多边形单元上的有理函数插值而言，插值函数与多边形的边数以及多边形的形状有关.

1.2 研究进展

作为本文研究的基础，下面对国内外相关工程数值方法的理论和应用方面的研究进展做简要的回顾.

1.2.1 双变量插值法(Bivariate Interpolation)

插值理论是一个古老的问题，自古巴比伦和古希腊时代，人们就开始了插值法的研究[13]. 插值法在计算数学[14]、计算力学[15-17]、计算机图形学[9]、计算机辅助几何设计(CAGD)[18-19]、信号与图像处理[20-22]、气象学[23]、地理信息系统[24]等领域具有广泛的应用.

双变量插值按事先给定的条件的不同,可以分为点基插值(Point-based Interpolation)和超限插值(Transfinite Interpolation). 按插值函数类的不同,有多项式插值(polynomial Interpolation)[25-26]和有理函数插值(Rational Function Interpolation)[12]等类型.

1.2.1.1 双变量点基插值

双变量点基插值的一般提法为[11]: 在平面上给定一组不同的点 $\{(x_i, y_i), i=1, 2, \cdots, n\}$ 和其对应的值 $\{f_i, i=1, 2, \cdots, n\}$, 在某个函数类中求一个函数 $f(x, y)$,使得 $f(x_i, y_i)=f_i, i=1, 2, \cdots, n$.

在多项式函数类中插值得到多项式插值;在有理函数类中插值得到有理函数插值. 双变量多项式插值依赖于插值点所构成的网格,工程应用多采用三角形或四边形网格[11, 15-17, 22]. 多变量多项式插值的理论比较完善,文献众多. 有理函数插值由于其固有的复杂性,多变量有理函数插值相对研究的较少,理论上还有待完善.

目前应用广泛的双变量有理函数插值法主要有: Shepard 法(Shepard's Method)[27]、自然邻点插值法(Natural Neighbor Interpolation Method)[28]、Wachspress 型插值(Wachspress' Interpolation)[29]等.

(1) Shepard 插值法

Shepard 法又称逆距离权插值法(Inverse Distance Weighted Method)由 D. Shepard 首先提出[27],是散乱数据(Scattered Data)插值的一种常用方法. 其基本假设是距插值点近的节点对插值的贡献大,距离远的节点贡献小,插值点的值是所有节点值的加权平均.

给定平面上一组不规则分布的点 $\left\{(x_i, y_i), i=1, 2, \cdots, n\right\}$ 和其对应的值 $\{f_i, i=1, 2, \cdots, n\}$. 记 $d_i(x, y)$ 为点 (x, y) 和 (x_i, y_i) 之间的欧氏距离,即 $d_i(x, y)=\sqrt{(x-x_i)^2+(y-y_i)^2}$,令 $h_i(x,$

$y) = \dfrac{1}{[d_i(x, y)]^k}$，$k \geqslant 1$ 为一可选择的参数，则 Shepard 提出插值格式为

$$f(x, y) = \sum_{i=1}^{n} w_i(x, y) f_i = \sum_{i=1}^{n} \frac{h_i(x, y)}{\sum_{j=1}^{n} h_j(x, y)} f_i \tag{1.8}$$

其中，权函数

$$w_i(x, y) = \frac{h_i(x, y)}{\sum_{j=1}^{n} h_j(x, y)},\ 0 \leqslant w_i(x, y) \leqslant 1,$$

$$\sum_{i=1}^{n} w_i(x, y) = 1 \tag{1.9}$$

W. J. Gordon 等通过在插值格式中增加节点的偏导数值，改进 Shepard 法存在的插值函数在节点处平坦的缺陷[30].

R. Franke[31]和 R. J. Renka[32]引进节点函数，改进 Shepard 法插值函数的连续性.

由于在实际插值过程中，没有给出节点处的偏导数值，P. Alfeld[33]和 D. F. Watson[34]分别对节点处偏导数值的估计问题作了研究.

(2) 自然邻点插值法

自然邻点插值 (Natural Neighbors Interpolation)是基于节点的 Voronoi 图构造的插值方法，由 R. Sibson[28]提出.

对于平面节点集合 $S = \{x_1, x_2, \cdots, x_M\}$，加入新的节点 x 后，可以的得到集合 $S \cup \{x\}$ 的 Voronoi 图. 图 1.7(a)为一 7 个节点的 Voronoi 图. 集合 S 的 Voronoi 单胞与集合 $S \cup \{x\}$ 的 Voronoi 单胞重叠的部分形成节点 x 的二阶 Voronoi 单胞(参考图 1.7(b)中的多边形 $abcd$).

令 $\kappa(x)$和 $\kappa_I(x)$分别为节点 x 的一阶 Voronoi 单胞 T_x 和二阶 Voronoi 单胞 T_{xI}的 Lebesgue 测度(在一维、二维和三维中分别为长度、面积和体积)，在二维空间，记 $A(x) = \kappa(x)$，$A_I(x) = \kappa_I(x)$. 节点

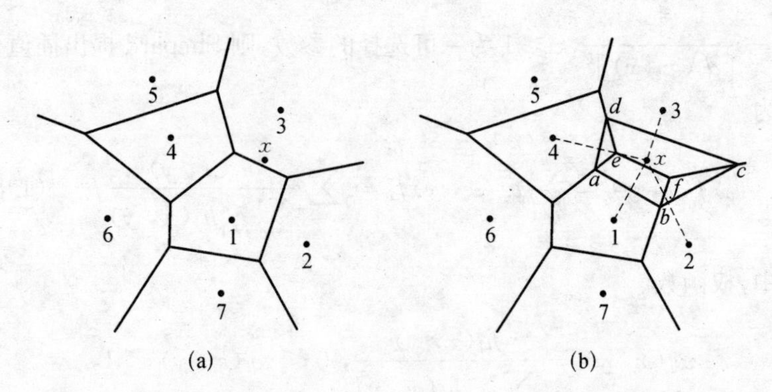

图 1.7 (a)　7 节点 Voronoi 图;(b) 关于节点 x 的二阶 Voronoi 图

x 对应于第 I 个自然邻点的自然邻点坐标，定义为 Voronoi 单胞 T_{xI} 和 T_x 的面积之比[35]：

$$\phi_I(x)=\frac{A_I(x)}{A(x)},A(x)=\sum\nolimits_{J=1}^{n}A_J(x) \tag{1.10}$$

这里 I 从 1 到 n，n 为节点 x 的自然邻点数量. 例如在图 1.7(b)中，$A_3(x)$ 为四边形 $cdef$ 的面积，$A(x)$ 为四边形 $abcd$ 的面积.

利用自然邻点坐标 $\phi_I(x)$，Sibson 插值的插值格式为

$$u^h(x)=\sum_{I=1}^{n}\phi_I(x)u_I \tag{1.11}$$

其中，$\phi_I(x)$ 也称为自然邻点形函数(Natural Neighbor Shape Function).

与 Shepard 法的全局插值不同，自然邻点 Sibson 插值为局部插值.

Sibson 插值在计算过程中，需要计算插值点的二阶 Voronoi 单胞的测度，增加了计算的时间. 为减少自然邻点插值的计算时间，V. V. Belikov 及其合作者[36-38] 从数据近似和数值求解偏微分方程的角度提出新的自然邻点插值形函数，命名为非 Sibson 插值(Non-Sibson Interpolation)，并详细讨论了该插值格式的相关性质，给出了

许多重要的结论.

K. Sugihara 和 H. Hiyoshi[39-41] 从计算几何的角度提出了自然邻点 Laplace 插值，其与 Belikov 等提出的非 Sibson 自然邻点插值形式相同. Sugihara 和 Hiyoshi 采用与 Belikov 等不同的方法证明 Laplace 插值形函数的性质. 并将自然邻点的概念推广到星形邻点（Star-Shape Neighbor），给出了基于星形邻点的插值格式，其形式与 Laplace 插值格式完全相同，其优点在于即使节点集合的 Voronoi 图的构造是不准确的，星形邻点的插值格式依然是有效的[39].

自然邻点 Laplace 插值在实际计算上要比 Sibson 插值方便，但是 Laplace 插值在 Delaunay 球上的光滑性比 Sibson 插值差，Hiyoshi 和 Sugihara 提出了改进的方案[42].

D. F. Watson 等[43-44] 将自然邻点 Sibson 插值推广到了 N 维球面上.

G. Farin[45] 将 Sibson 的 C^0 自然邻点插值形函数嵌入 Bernstein-Bezier 多项式，构造出 C^1 插值格式.

S. J. Owens[46] 研究了三维问题自然邻点 Sibson 插值的算法.

M. Sambridge 等[47] 将自然邻点 Sibson 插值应用于地球物理学中的散乱数据插值.

J. L. Brown 等[48-49] 给出了通过加权重心坐标函数构造平面散乱点的坐标系的方法，并证明在三个自然邻点的情况下，Sibson 自然邻点坐标等价于三角形的重心坐标. 在[49]中利用 Taylor 展开式构造 N 维空间散乱数据的插值方法.

D. Watson[50] 介绍了一个自然邻点 Sibson 插值计算机程序.

J. -D. Boissonnat 等[51-52] 提出曲面上的自然邻点坐标，并应用于光滑曲面的重构.

F. Anton 等[53] 将自然邻点插值应用于二维图像的重构.

Chongjiang Du[54] 将自然邻点的概念和移动最小二乘法结合，提出了一种基于网格的地形插值方法.

I. Amidror[22] 对散乱数据插值的各种方法：基于三角形的各种

插值法、逆距离加权插值法、径向基函数法和自然邻点插值法作了概述,并对各种插值方法的优缺点作了评论.

E. Meijering[13]对插值理论的发展历史作了研究,指出了中国古代科学家在插值理论发展中的贡献,该文附有358篇参考文献.

(3) Wachspress型插值法

Shepard插值法和自然邻点插值法都是从计算几何的观点而提出的,并在曲面重构和图像处理等领域得到广泛的应用.直接从有限元单元出发,构造多边形上的有理函数形函数(Shape Function),E. L. Wachspress[29]是第一人,后来的学者称之为Wachspress型插值(Wachspress' Interpolation).

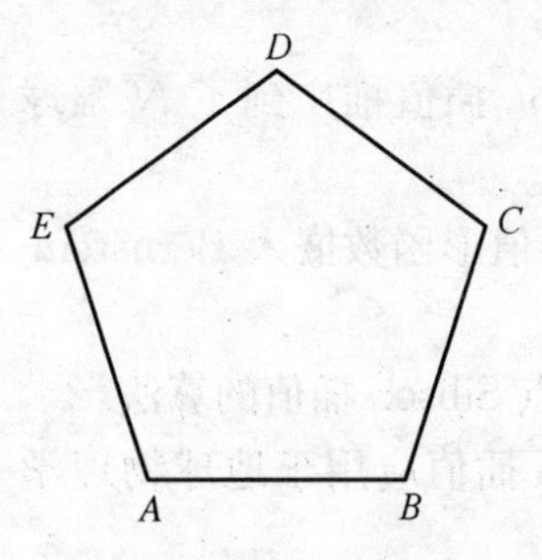

图 1.8 五边形单元

对于一个多边形单元的一个顶点A,以顶点A为端点的边,称为顶点A的邻边,除了邻边外的其他边,称为顶点A的对边.以五边形$ABCDE$为例(图1.8),顶点A的邻边为AB、AE,对边为BC、CD、DE.

Eugene L. Wachspress首先对在多边形单元上构造的有理函数插值形函数$\phi_i(x, y)$提出以下基本要求[29]:

(a) $\phi_i(x, y)$在整个多边形上连续;

(b) $\phi_i(x_j, y_j)=\delta_{ij}=\begin{cases}1 & i=j \\ 0 & i\neq j\end{cases}$;

(c) 顶点i的形函数$\phi_i(x, y)$在其邻边上是线性的;

(d) 顶点i的形函数$\phi_i(x, y)$在其对边上等于0.

根据以上对形函数的要求,Wachspress采用代数几何的方法证明:对于一个凸n边形,其顶点i的有理函数形式的形函数可以表示为

$$\phi_i(x, y)=\frac{P_{n-2}(x, y)}{P_{n-3}(x, y)} \tag{1.12}$$

其中，$P_m(x, y)$为一关于 x，y 的 m 次完备多项式. 形函数的分子等于顶点 i 的对边方程的乘积，分母为过 n 边形外交叉点（External Intersection Point）的代数曲线方程.

一个五边形 $ABCDE$ 的外交叉点为 A_1、B_1、C_1、D_1、E_1，参见图 1.9.

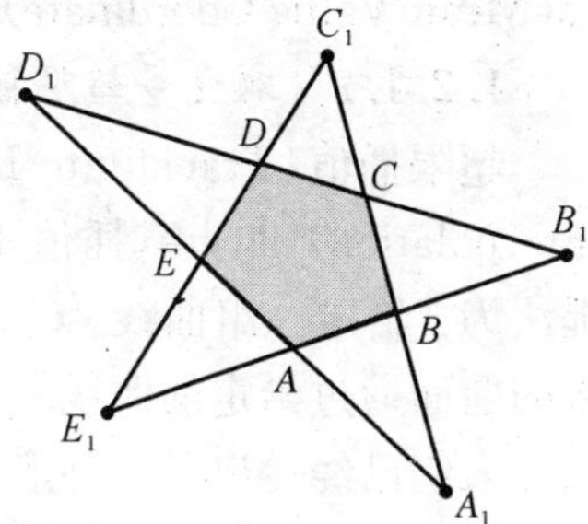

图 1.9　五边形的外交叉点

Wachspress 构造有理函数的方法，对于曲边单元也是有效的[29].

D. Apprato 等[55]和 J. L. Gout[56-57]研究了低次 Wachspress 有限元插值及其收敛性，并应用于求解二阶常微分方程.

P. L. Power 和 S. S. Rana[58]在 Wachspress 构造法的基础上，对四边形单元上拓展了分母多项式选择的范围.

W. Dahmen 等[59]采用迭代技术引入高次 Wachspress 函数，并从曲面拟和的观点研究了其性质.

H. P. Dikshit 和 A. Ojha 提出了构造四边形上 C^1 - Wachspress 函数的方法[60]，给出了四边形 Wachspress 曲面片（Patch）划分的公式[61].

G. Dasgupta 和 E. A. Malsch[10]将 Wachspress 插值应用于计算机图形学领域的色彩插值，得到的插值图像与传统的三角形有限元插值图像相比，色彩过渡连续，图像质量有极大的提高.

G. Dasgupta 通过引入待定参数，利用形函数在节点处等于 1 的性质，构造 Wachspress 型多边形单元上的有理形函数[62]. 利用 Gauss 散度定理，将有理函数积分转化成边界上的积分[63].

E. A. Malsch 和 G. Dasgupta[64]利用三角形面积表示法，给出了计算 Wachspress 形函数新的表达式. 并将 Wachspress 插值推广到含有边节点的情形，得到了含有边节点多边形的无理函数插值格式，应用于凸区域上的温度场分布插值近似.

有理插值函数的构造除了以上的 Shepard 插值法、自然邻点插值法和 Wachspress 插值法外,在计算机图形学和计算机辅助几何设计(CAGD)中,还有重心坐标(Barycentric Coordinate)[65-69]和平均值坐标(Mean Value Coordinate)[70]等非多项式插值法.

1.2.1.2 双变量超限插值

超限插值(Transfinite Interpolation)又称边基插值(Edge-based Interpolation),与点基插值不同,其插值的是曲线. 超限插值的一般提法为: 给定一组曲线 $\{C_i, i=1, 2, \cdots, n\}$,求一个函数,使得函数的曲面通过给定的曲线.

人们已经提出了各种形式的超限插值[71-75]. 在工程实际中,应用最为广泛的是由 S. Coons(1964)提出的超限插值——Coons 插值[74]. Coons 插值在计算机图形学等领域又称 Coons 曲面片(Coons Patch)[71].

Coons 插值的提法为: 对于一个曲面

$$z=f(x, y), (x, y)\in D, D=[0, 1]\otimes[0, 1] \tag{1.13}$$

曲面的四条边界给定为 $f(0, y)$, $f(x, 0)$, $f(1, y)$和 $f(x, 1)$,构造一张曲面,使之通过这四条边界.

Coons 通过引入混合函数(Blending Function),将边界信息在区域内混合得到过给定边界曲线的曲面. Coons 插值格式为

$$\begin{aligned} z(x, y)=&(1-x)f(0, y)+xf(1, y)+(1-y)f(x, 0)+\\ &yf(x, 1)-[1-x, x]\begin{bmatrix} f(0, 0) & f(0, 1)\\ f(1, 0) & f(1, 1)\end{bmatrix}\begin{bmatrix}1-y\\ y\end{bmatrix}\end{aligned} \tag{1.14}$$

Coons 插值的混合函数为

$$\phi_1(x)=1-x, \phi_2(x)=x, \phi_3(y)=1-y, \phi_4(y)=y \tag{1.15}$$

公式(1.14)中的最后一项为修正项(Corrected Term),其保证了插值曲面通过四条边界曲线.

汪多江[76]探讨了 Coons 曲面角点信息计算问题.

Seong-Whan Lee 等[77]将 Coons 插值应用与扭曲图像的非线性恢复.

Lazhu Wang 等[78]构造了 B 样条混合函数，得到 Coons 型 B 样条混合曲面(CNSBS).

张贵仓[79-80]提出了 G^2 连续的 Coons 双三次曲面和空间插值的 Coons 曲面.

张廷杰等[81]和邱佩章等[82]分别讨论 Coons 型分形曲面的生成方法.

陈辉、张彩明[83]提出用边界曲线构造 C^1 – Coons 曲面确定扭矢的方法.

赵艳霞、张宗[84]讨论了以双三次 Coons 曲面片为基础构造工程曲面的问题.

G. Farin[85]提出离散 Coons 曲面片，讨论了三角形 Coons 曲面片.

王国强等[86]、裴玉龙等[87]和丁建梅[88]各自将 Coons 曲面应用于道路平面交叉口的研究.

邱钧等[89]将 Coons 曲面法应用于二元正态分布函数插值，得到较好的插值效果.

戴芳等[90-91]将 Coons 曲面法应用于图像处理.

李杨等[92-93]研究了 C – Coons 曲面的相关性质.

Kenjiro T. Miura 等[94]提出了多边形曲面片新的混合函数.

L. Gross 和 G. Farin[71]将 Sibson 插值推广到插值任意边界曲线的超限形式.

Hisamoto Hiyoshi 和 Kokichi Sugihara[40, 72]将自然邻点 Laplace 插值推广到插值任意曲线的超限插值.

V. L. Rvachev 等[73]提出了基于逆距离权的超限插值，在[73]中综述了一些常用的超限插值法.

总之，对于工程技术中常用的 Coons 插值，混合函数主要有双线性多项式、双三次多项式以及 B 样条函数等.

1.2.2 基于多边形网格的有限元方法

有限元法(Finite Element Method, FEM)是一种求解微分方程的数值方法,在数学和工程技术领域得到广泛的应用[95-96].目前传统有限元法的数学理论日趋完善,商业软件众多[14-17, 97].传统有限元法依赖于求解区域的网格剖分,采用三角形/四边形单元将求解区域划分成结构(Structure)或非结构(Non-Structure)有限元网格.有限元网格剖分已经实现自动化或半自动化,出现了许多有限元网格生成的算法,如映射法(Mapping Method)、基于栅格法(Grid-based Approach)、Delaunay三角化法(Delaunay Triangulation, DT)、推进波前法(Advancing Front Technical, AFT)等[98-99].国内外众多学者在有限元网格自动生成以及优化方面进行了大量的研究,取得了许多实用的研究成果[100-105].

为更好地模拟非均质材料,Ghosh等[5]和Zhang等[7]分别提出基于Voronoi单胞划分单元的Voronoi单胞有限元法(Voronoi Cell Finite Element Method, VCFEM)和杂交多边形有限元法(Hybrid Polygonal Element, HPE). VCFEM和HPE的有限单元一般为边数大于4的凸多边形,这极大地丰富了传统有限元法的单元类型,使得对复杂区域的有限元网格剖分更加灵活.

但是,对于边数大于4的多边形单元,利用多项式构造满足单元协调性的位移试函数(Trial Function)成为一大难题[5].为解决这一难题M. Rashid和P. Gullett利用数值方法构造多边形单元上的位移试函数,提出了可变单元拓扑有限元法(Variable Element Topology Finite Element Method, VETFEM)[106-107].由于VETFEM采用数值的方法构造多边形单元上的形函数,该方法在编制计算程序方面极不方便,难以推广.

在Voronoi单胞有限元法中,单元的构造是根据材料的显微照片,依据颗粒的位置将求解区域划分成Voronoi单胞多边形,利用应力插值法,得到杂交有限元列式,避开多边形单元位移试函数构造的难题[5-6]. VCFEM 是一种模拟颗粒增强复合材料先进有效的数值方法[3-4]，相比传统有限元法，计算自由度大为减少，提高了计算效率.

自 VCFEM 问世以来，国内外学者 S. Ghosh[6, 108-115]、K. Lee [116-118]、S. Moorthy[119-120]、M. Li[121-123]、P. Raghavan[124-125] 和郭然[126-127]将其应用于颗粒增强复合材料的数值模拟. P. Vena[128]将 VCFEM 应用于人造关节力学性能的分析.

杂交多边形单元法由 Zhang 和 Katsube[7] 基于 Hellinger-Reissner 变分原理提出，其网格剖分采用任意多边形剖分. Zhang 和 Katsube 利用 HPE 分别研究了含有圆形或椭圆形弹性夹杂[129]、圆形或椭圆形弹性孔洞板[130]；Zhang 和 Dong[8]利用杂交多边形单元法对焊接点附近存在的空洞和裂纹之间的相互作用进行了研究. 在多边形网格划分方面，HPE 不受 Voronoi 图的限制，比 VCFEM 更灵活.

范亚玲、张远高、陆明万[131] 利用等参变换法构造出二维任意多边形有限单元的有理插值函数，提出二维任意多边形有限元，应用于多晶材料的数值模拟. 其首先在正多边形上利用极坐标构造有理插值函数，构造得到的有理函数插值格式与 Wachspress 法在本质上是一致的.

A. Schwoppe[132]利用自然邻点 Sibson 插值构造凸多边形单元的形函数，提出一种多边形有限元法. 该方法也可以推广到凹单元的情形.

A. El-Zafrany 等[133] 推导了含有边节点的四边形单元的 Lagrange 和 Hermit 型形函数.

Zheng 等[134]利用 Coons 插值推导了板壳单元的形函数表达式.

Ch. G. Provatidis[135-138]利用 Coons 插值提出求解势问题的宏单元(Macro-Element)有限元法. 该方法将求解区域划分成若干宏单元，在单元边界上布置若干节点，将单元内的 Coons 插值和边界上的线性插值组合，得到整个单元上的试函数.

综上所述，基于多边形网格的有限元法，在工程实际中具有广泛的应用. 但是对多边形有限元，许多问题有待进一步研究.

1.2.3 自然单元法

近年来,一种不依赖网格的数值方法——无网格方法(Meshless Method or Meshfree Method),得到国内外学者的广泛关注[139-144].无网格方法主要有:无单元Galerkin法(Element-Free Galerkin, EFG)[145-146]、自然单元法(Natural Element Method, NEM)[147]、边界无单元法(Boundary Element-Free Method, BEFM)[148]等.

无单元Galerkin法(EFG)是一种采用移动最小二乘法(Moving Least Square, MLS)[149]构造试函数的Galerkin法. EFG采用背景网格积分,逐点总装系统刚度矩阵. EFG采用移动最小二乘法构造的试函数,在节点处不满足δ性质,不能直接施加本质边界条件,采用在边界附近与有限元耦合的方法,施加本质边界条件[150]. S. Beissel和Ted Belytschko提出EFG的节点积分方案,使得EFG成为真正的无网格方法[151].

J. Braun和M. Sambridge在《*A numerical method for solving partial differential equations on highly irregular evolving grids*》一文中首次提出自然单元法(Natural Element Method, NEM)[147].自然单元法采用自然邻点插值构造试函数,试函数的构造不依赖网格,可以直接施加本质边界条件[152].因此,自然单元法既具有无网格法的不依赖网格的优点,又具有有限元法方便施加本质边界条件的优点[153-154].

N. Sukumar等将自然邻点Sibson插值应用于求解平面弹性力学问题[155-157],在[156]中给出了计算Sibson插值的详细计算机编程框图.将Sibson插值嵌入Bernstein-Bezier多项式,提出了C^1的自然邻点插值,应用于求解高次偏微分方程[157-158]. 2000年将自然单元法应用于求解振动和波传播问题[159].

2001年N. Sukumar等将自然邻点Laplace插值应用于求解椭圆形偏微分方程,提出自然邻点Galerkin法(Natural Neighbor Galerkin Method, NNGM)[160-161].讨论了无网格方法和单位分解有限元之间的关系[162-163].

2003年N. Sukumar基于任意不规则网格，提出Voronoi单胞有限差分法(Voronoi Cell Finite Difference Method, VCFDM)[164].

朱怀球、吴江航对Sibson插值基函数的性质进行了研究，给出了基函数的一阶导数的一种数学表达式及其数学性质，并将其应用于计算流体力学的研究中[165].

蔡永昌、朱合华和王建华基于自然邻点插值构造位移试函数，提出一种用于求解弹性力学平面问题的无网格局部Petrov-Galerkin方法[166]，该方法用加权残数法推导控制方程，采用的是Sibson插值格式，得到的系统矩阵是带状稀疏的.

尽管自然单元法的试函数是严格的插值形式，可以直接施加本质边界条件，但是自然邻点Sibson插值在凹边界上不是严格线性的，使得检验函数(Test Function)在整个本质边界区域不恒等于零. E. Cueto等研究了自然单元法中本质边界条件的精确施加方法[167-169]，在自然单元法中引进α形(α-Shape)，确保插值在凸和凹边界上是精确线性的.

Sergio R. Idelsohn利用自然邻点Laplace插值构造试函数，提出无网格有限元方法[170].

W. Barry利用移动最小二乘法构造试函数，以Wachspress插值构造检验函数，提出Wachspress无网格局部Petrov-Galerkin法(Wachspress Meshless Local Petrov-Galerkin, WMLPG)[171].

1.3 研究进展评述

纵观国内外文献，基于有理函数插值法的数值方法研究有了很大的发展. 但是还有很多问题有待于进一步研究.

1.3.1 双变量有理函数插值法评述

基于逆距离权的Shepard插值，以插值节点距离插值点的距离大小，确定节点对插值的贡献，有非常合理的方面. 但是平面上的双变量插值不仅与插值节点距离插值点的距离有关，而且与插值节点的分布有关. 例如图 1.10 所示的两种节点分布情况，节点均分布在圆周上，一个是均匀分布，另一个是随机分布. 虽然节点距离插值点的距离是相同的，但其对插值点（圆心）的影响应该是不一样的.

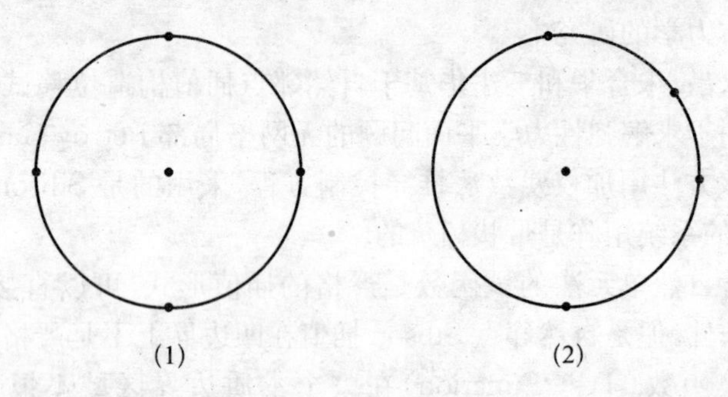

图 1.10　四节点插值：(1) 节点均匀分布　(2) 节点随机分布

自然邻点插值以插值点的自然邻点为节点，考虑到节点分布对插值的影响. 但是在有些情况下，距离插值点近的点不是插值点的自然邻点，不符合逆距离权插值的思想. 例如，图 1.11 中，插值点 A 的自然邻点为 B、C、D 等，距离插值点 A 近的点 E、F 不是其插值节点[156-157]. 另外自然邻点插值计算过程中，需要搜索插值点的自然邻点，占用不少的计算时间.

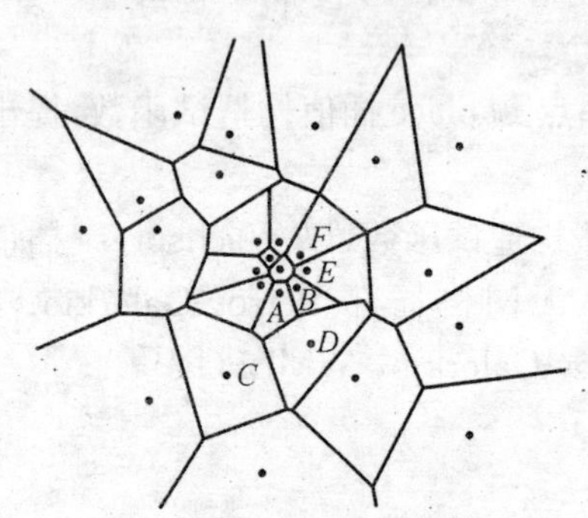

图 1.11　Voronoi 图和点 A 的自然邻点

Wachspress 提出的有理函数插值形函数的分母是过多边形外交叉点的代数曲线方程，对于边数较大的多边形，求其过外交叉点的代数曲线方程不是一件容易的事情. Dasgupta 采用新的方法求多边形上的 Wachspress 插值，可以解决计算过外交叉点的代数曲线方程的问题. 但是在 Dasgupta 提出的方法中,存在待定参数,Dasgupta 利用计算机代数(MATHEMATICA)确定待定参数[61],在数值方法程序的编写上是很不方便的.

1.3.2 多边形杂交元法和无网格法

VCFEM 和 HPE 是基于多边形网格的杂交元方法. 杂交元方法的精度依赖于应力模式的假设[172]. HPE 在处理含有孔洞材料方面比 VCFEM 优越,但是 HPE 依赖于弹性夹杂的经典解,这限制了其应用范围.

无网格方法不依赖网格,在处理大变形和裂纹扩展等方面,具有一定的优势. 但是,基于最小二乘法的无网格方法,由于其构造的试函数在节点处不满足 δ 性质,造成不能直接施加本质边界条件. 另外,无网格法引入具有紧支域的权函数,在形成刚度矩阵时,需要判断节点的影响域,造成无网格在计算量方面非常巨大.

1.4 本文研究内容和创新点

颗粒增强复合材料的增强相在微观上表现为一些不规则形状,如图 1.12 所示的粒子增强金属基复合材料(Ag/58.4vol.%Ni)[173]. 传统的有限元法,为模拟材料的真实结构,需要划分稠密的网格,增加了计算的成本. 采用多边形网格,可以减少单元数量,进而减少计算的成本.

数值方法的不同,主要在于其试函数构造上的区别. 可以说,单元试函数(插值函数)的构造是数值模拟方法的核心.

基于在材料模拟过程中,需要采用多边形单元网格,而在多边形单元上又难以构造出满足协调性要求的多项式形函数这一问题,本文重点在如何构造方便实用的多边形单元有理函数形函数方面.

本文的主要研究内容和创新为:

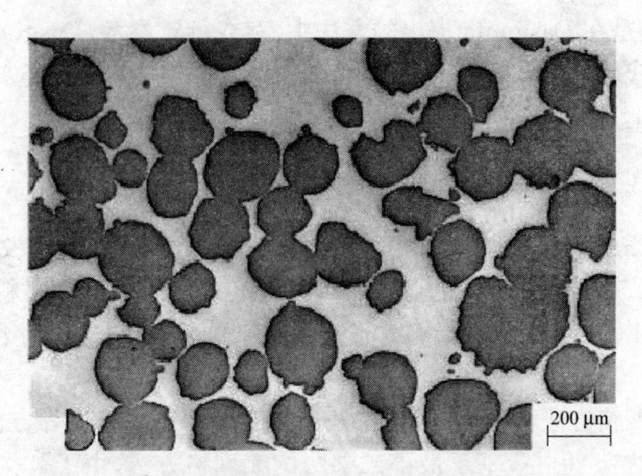

图 1.12　粒子增强金属基复合材料(Ag/58.4vol.%Ni)

(1) 采用几何的方法直接构造多边形单元上的有理函数插值，研究有理函数插值的性质，给出有理函数插值形函数的计算表达式，并应用于凸域上温度场分布的插值近似；

(2) 构造多边形上的有理混合函数，得到多边形上的有理超限插值，进而得到有理 Coons 插值，给出有理超限插值的计算表达式，并应用于曲面重构和矩形区域温度场分布的插值近似；

(3) 在现有 Delaunay 三角化的基础上，提出区域网格划分的 Delaunay 多边形化方法，自动生成求解区域的多边形单元网格，实现有理单元法前处理的自动化；

(4) 利用构造出的有理函数插值，在多边形单元上构造有理函数形式的试函数，采用加权残数法，推导出求解温度场分布问题的有理单元法，提出有理单元法的数值积分方案，并进行有理单元法的误差分析；

(5) 基于 Galerkin 弱形式，推导求解弹性力学问题的有理单元法，并应用于对弹性力学问题的求解中；

(6) 利用推导出的有理单元法，对非均质材料进行数值模拟.

第二章　多边形单元有理函数插值

2.1　引言

有限元法是一种重要的工程数值方法，其采用对求解区域的离散，在每一个子区域上逼近真实解；有限元法依赖于对求解区域的剖分网格，其优点是形成的刚度矩阵带状对称、运算速度快、方便施加边界条件等. 传统的有限元网格剖分都采用三角形或四边形剖分，三角形网格剖分区域适应性好但计算精度差，四边形网格虽然精度高，但是对复杂的几何区域的适应性差. 传统有限元法在三角形/四边形单元上，构造多项式形式的插值形函数. 在有限元法诞生的初期，尽管有限元法的数学理论基础尚未建立，但是在工程技术人员的推动下，有限元法得到了广泛的应用.

随着科学技术的进步，需要新的数值方法对材料性能进行方便有效的模拟分析. 例如，为准确有效地模拟金属基颗粒增强复合材料的力学性能，美国学者 S. Ghosh 及其合作者在 1994 年提出了 Voronoi 单胞有限元方法（Voronoi Cell Finite Elements Method, VCFEM）[5-6]. VCFEM 的有限元网格由增强颗粒的 Voronoi 图构成，每个 Voronoi 单胞形成一个有限元单元，一般来说这些单元是一些边数大于 4 的凸多边形. 由于传统有限元方法对多边形单元难以构造满足协调性要求的多项式位移插值函数，Ghosh 利用应力模式构造多边形单元的应力插值，构造出杂交应力的 VCFEM. 多边形单元的出现，对只能处理三角形和四边形单元的传统位移有限元方法提出了新的问题.

本文结合 Shepard 插值的逆距离加权思想[27]和自然邻点插值考虑到节点分布[36-41]的思想,采用几何的方法直接构造出任意多边形单元上的有理函数插值.该插值方法克服了传统有限元方法难以构造边数大于4的单元上,满足协调性要求的插值函数的缺陷,特别适用于高度不规则网格的数据插值和偏微分方程的数值计算.

本章安排如下,第2节为多边形单元有理函数插值的构造;第3节证明多边形单元有理函数插值有关性质;第4节给出多边形单元有理函数插值的代数计算表达式;第5节为有理插值与有限元多项式插值的关系;第6节采用有理函数插值重构曲面;第7节为多边形有理函数插值在凸域上温度分布的插值近似中的应用;最后是结论部分.

2.2 多边形单元有理函数插值的构造

多边形上以顶点作为插值节点的插值提法为:对多边形的 n 个顶点 $(x_1, y_1), (x_2, y_2), \cdots, (x_n, y_n)$ 以及 n 个值 $u_1, u_2, \ldots, u_n$,在某一类函数中求一个函数 $u^h(x, y)$,使得

$$u^h(x_i, y_i) = u_i,\ i = 1, 2, \ldots, n \tag{2.1}$$

我们称 $u^h(x, y)$ 为这 n 个节点的插值函数.

在有限元法中,插值函数一般表示为形函数(Shape Function)的形式

$$u^h(x, y) = \sum_{i=1}^{n} \phi_i(x, y) u_i \tag{2.2}$$

这里,$\phi_i(x, y)$ 为第 i 个节点的形函数.

形函数满足以下基本性质

(1) $0 \leqslant \phi_i(x, y) \leqslant 1, i = 1, 2, \cdots, n$

(2) $\sum_{i=1}^{n} \phi_i(x, y) = 1$

(3) $\phi_i(x_j, y_j) = \delta_{ij} = \begin{cases} 1 & i = j \\ 0 & i \neq j \end{cases}$

形函数为多项式的插值,称为多项式插值;形函数为有理函数的插值,称为有理函数插值.

为方便起见,对于平面上的点 $P(x, y)$,其位置向量记作 $x=(x, y)$.

给定一个 n 边形内的一个点 $P(x, y)$,连接点 P, P_i 的线段记作 PP_i,记 P 与多边形第 i 个顶点 P_i 的距离为 $h_i(x)$,依次作线段 PP_i 的垂直平分线,得到一个凸多边形,与第 i 个顶点 P_i 相关的凸多边形边长记作 $l_i(x)$,如图 2.1 所示的五边形 $P_1P_2P_3P_4P_5$ 内的凸多边形 $Q_1Q_2Q_3Q_4Q_5$. 注意到 Q_i 为三角形 PP_iP_{i+1} 的外接圆圆心,当 $i=n$ 时,$i+1$ 读作 1,$i=1$ 时,$i-1$ 读作 n,n 为多边形的边数.

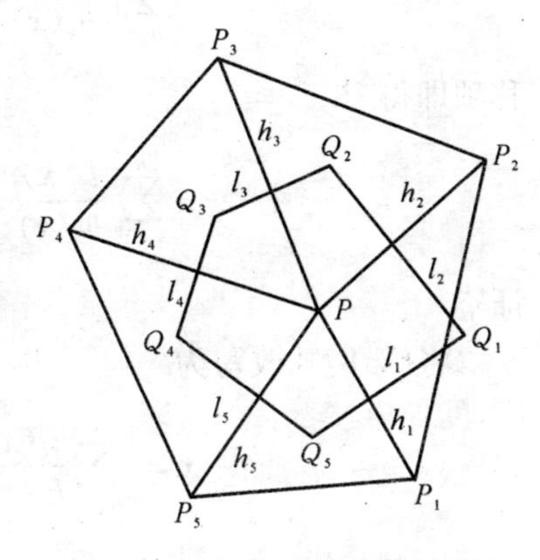

图 2.1　五边形单元有理函数插值

定理 2.1　设多边形的 n 个顶点 $P_1, P_2, \cdots, P_n$ 和多边形内的点 P 的位置向量为 $\boldsymbol{x}_1, \boldsymbol{x}_2, \cdots, \boldsymbol{x}_n$ 和 $\boldsymbol{x}$,则以下恒等式成立:

$$\boldsymbol{x}\sum_{i=1}^{n}\frac{l_i(\boldsymbol{x})}{h_i(\boldsymbol{x})} = \sum_{i=1}^{n}\frac{l_i(\boldsymbol{x})}{h_i(\boldsymbol{x})}\boldsymbol{x}_i \tag{2.3}$$

证明: 根据 Gauss 散度定理,对于任意有界区域 V,有

$$\int_V \nabla \cdot A\mathrm{d}V = \int_{\partial V} A \cdot \boldsymbol{n}\mathrm{d}S \tag{2.4}$$

其中,∂V 为区域的边界,$\boldsymbol{n}$ 为边界的单位外法向向量. 当 $A=1$ 时,可得

$$\int_{\partial V} \boldsymbol{n}\mathrm{d}S = 0 \tag{2.5}$$

由 PP_i 的垂直平分线围成的多边形的单位外法线向量 $\boldsymbol{n}=\frac{1}{|PP_i|}\overrightarrow{PP_i}$，在该多边形上积分可得

$$\sum_{i=1}^{n}\frac{|Q_{i-1}Q_i|}{|PP_i|}\overrightarrow{PP_i}=0 \tag{2.6}$$

因为 $|Q_{i-1}Q_i|=l_i(\boldsymbol{x})$，$|PP_i|=h_i(\boldsymbol{x})$，$\overrightarrow{PP_i}=\boldsymbol{x}_i-\boldsymbol{x}$，代入上式得

$$\sum_{i=1}^{n}\frac{l_i(\boldsymbol{x})}{h_i(\boldsymbol{x})}(\boldsymbol{x}_i-\boldsymbol{x})=0 \tag{2.7}$$

移项即得

$$x\sum_{i=1}^{n}\frac{l_i(\boldsymbol{x})}{h_i(\boldsymbol{x})}=\sum_{i=1}^{n}\frac{l_i(\boldsymbol{x})}{h_i(\boldsymbol{x})}\boldsymbol{x}_i \tag{2.8}$$

证毕.

将(2.8)式改写为

$$\boldsymbol{x}=\sum_{i=1}^{n}\frac{l_i(\boldsymbol{x})}{h_i(\boldsymbol{x})}\boldsymbol{x}_i\Bigg/\sum_{i=1}^{n}\frac{l_i(\boldsymbol{x})}{h_i(\boldsymbol{x})} \tag{2.9}$$

对多边形的第 i 个顶点定义函数

$$\phi_i(\boldsymbol{x})=\frac{l_i(\boldsymbol{x})}{h_i(\boldsymbol{x})}\Bigg/\sum_{j=1}^{n}\frac{l_j(\boldsymbol{x})}{h_j(\boldsymbol{x})} \tag{2.10}$$

则由定义显然有

$$\sum_{i=1}^{n}\phi_i(\boldsymbol{x})=1,\ 0\leqslant\phi_i(\boldsymbol{x})\leqslant 1 \tag{2.11}$$

定理 2.2 (2.10)式定义的函数满足

$$\phi_i(\boldsymbol{x}_j)=\delta_{ij} \tag{2.12}$$

其中 $\boldsymbol{x}_j=(x_j, y_j)$ 为顶点 P_j 的坐标.

证明：当 $P \to P_j$ 时，$h_j \to 0$，然而 h_i 是有限的，对一切 $i \neq j$，因此对于任意的 $i = 1, 2, \cdots, n$，有

$$\phi_i(\boldsymbol{x}_j) = \lim_{\boldsymbol{x} \to \boldsymbol{x}_j} \frac{\dfrac{l_i(\boldsymbol{x})}{h_i(\boldsymbol{x})}}{\sum\limits_{j=1}^{n} \dfrac{l_j(\boldsymbol{x})}{h_j(\boldsymbol{x})}} = \lim_{\boldsymbol{x} \to \boldsymbol{x}_j} \frac{\dfrac{l_i(\boldsymbol{x})}{h_i(\boldsymbol{x})}}{\dfrac{l_1(\boldsymbol{x})}{h_1(\boldsymbol{x})} + \cdots + \dfrac{l_j(\boldsymbol{x})}{h_j(\boldsymbol{x})} + \cdots + \dfrac{l_n(\boldsymbol{x})}{h_n(\boldsymbol{x})}}$$

$$= \lim_{\boldsymbol{x} \to \boldsymbol{x}_j} \frac{\dfrac{l_i(\boldsymbol{x})}{h_i(\boldsymbol{x})} \Big/ \dfrac{l_j(\boldsymbol{x})}{h_j(\boldsymbol{x})}}{\dfrac{l_1(\boldsymbol{x})}{h_1(\boldsymbol{x})} \Big/ \dfrac{l_j(\boldsymbol{x})}{h_j(\boldsymbol{x})} + \cdots + 1 + \cdots + \dfrac{l_n(\boldsymbol{x})}{h_n(\boldsymbol{x})} \Big/ \dfrac{l_j(\boldsymbol{x})}{h_j(\boldsymbol{x})}} = \delta_{ij} \tag{2.13}$$

证毕.

(2.11)～(2.12)式说明，定义的函数 $\phi_i(x, y)$ $(i = 1, 2, \cdots, n)$ 满足插值形函数的基本性质. 由此，我们构造出多边形单元上的插值格式

$$u^h(x, y) = \sum_{i=1}^{n} \phi_i(x, y) u_i \tag{2.14}$$

2.3　多边形单元有理函数插值的性质

定理 2.3　在多边形单元的边界上，插值函数 $u^h(x, y)$ 仅与边界上的两个节点有关，因此 $u^h(x, y)$ 在单元边界上是连续的.

证明：为方便起见，仅对三角形区域讨论，其结论适用于任意多边形. 设插值点 P 位于三角形 ABC 的一条边 BC 上，如图 2.2 所示. 线段的 PA, PB, PC 垂直平分线形成一

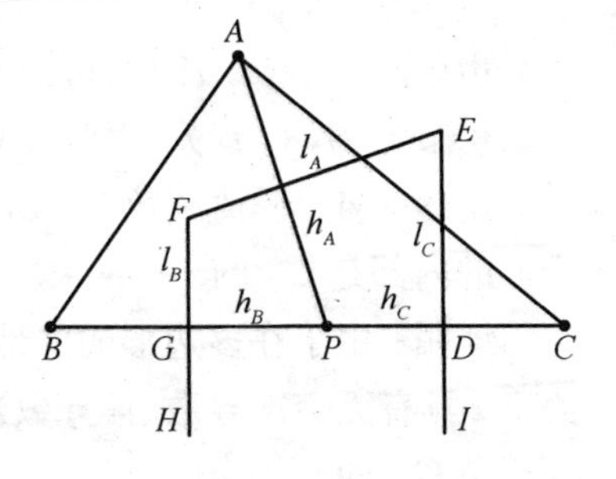

图 2.2　插值函数在边界上的连续性

个无界的凸区域，将 l_A，l_B，l_C 表示为

$$l_A = |EF|, \; l_B = \lim_{L\to\infty} L + |FG|, \; l_C = \lim_{L\to\infty} L + |ED| \tag{2.15}$$

则

$$\phi_A(\boldsymbol{x}) = \lim_{L\to\infty} \frac{|EF|\big/h_A}{|EF|\big/h_A + (L+|FG|)\big/h_B + (L+|ED|)\big/h_c} = 0 \tag{2.16}$$

$$\phi_B(\boldsymbol{x}) = \lim_{L\to\infty} \frac{(L+|FG|)\big/h_B}{|EF|\big/h_A + (L+|FG|)\big/h_B + (L+|ED|)\big/h_c} = \frac{h_C}{h_B + h_C} \tag{2.17}$$

$$\phi_C(\boldsymbol{x}) = \lim_{L\to\infty} \frac{(L+|ED|)\big/h_C}{|EF|\big/h_A + (L+|FG|)\big/h_B + (L+|ED|)\big/h_c} = \frac{h_B}{h_B + h_C} \tag{2.18}$$

由(2.16)～(2.18)式可以看出，插值函数 $u^h(x, y)$仅与边界上的两个节点 B，C 有关，因此 $u^h(x, y)$在边界上是连续的. 证毕.

定理 2.4 插值函数 $u^h(x, y)$在多边形的边界上是 C^0的，在多边形的内部是 C^∞ 的.

证明: 由于在多边形的内部 $h_i(\boldsymbol{x}) \neq 0$，$l_i(\boldsymbol{x})/h_i(\boldsymbol{x})$ 在多边形内关于 $\boldsymbol{x}$ 具有无穷次导数(偏导数)，因此插值函数 $u^h(x, y)$ 在多边形的内部是 C^∞ 的.

由定理 2.3 可知，插值函数 $u^h(x, y)$ 在多边形的边界上是线性连

续的;由定理2.2可知,在顶点处$\phi_i(\boldsymbol{x}_j)=\delta_{ij}$,因此$u^h(x, y)$在顶点处是连续的;从而插值函数$u^h(x, y)$在多边形的边界上是$C^0$的. 证毕.

定理 2.5 插值函数$u^h(x, y)$是线性完备的,即插值多边形内的线性函数是精确的.

证明: 考虑任意一个线性函数

$$u(x, y)=a+bx+cy \tag{2.19}$$

这里,a, b, c 为任意常数. 多边形顶点的精确值为

$$u_i=u(x_i, y_i)=a+bx_i+cy_i, i=1, 2, \cdots, n \tag{2.20}$$

对于多边形上的插值函数

$$u^h(x, y)=\sum_{i=1}^{n}\phi_i(x, y)u_i \tag{2.21}$$

将(2.20)式代入(2.21)式,得

$$u^h(x, y)=a\sum_{i=1}^{n}\phi_i(x, y)+b\sum_{i=1}^{n}\phi_i(x, y)x_i+c\sum_{i=1}^{n}\phi_i(x, y)y_i \tag{2.22}$$

由(2.8)和(2.11)式,可得

$$\sum_{i=1}^{n}\phi_i(x, y)=1, \sum_{i=1}^{n}\phi_i(x, y)x_i=x, \sum_{i=1}^{n}\phi_i(x, y)y_i=y \tag{2.23}$$

将(2.23)式代入(2.22)式,得到

$$u^h(x, y)=a+bx+cy=u(x, y) \tag{2.24}$$

因此插值函数$u^h(x, y)$是线性完备的. 证毕.

2.4 多边形有理函数插值形函数的计算表达式

在应用插值函数$u^h(x, y)$的过程中,需要知道插值形函数的代

数表达式，以方便计算机编程计算. 由形函数的定义 $\phi_i(\boldsymbol{x}) = \dfrac{l_i(\boldsymbol{x})}{h_i(\boldsymbol{x})}\Big/\sum_{j=1}^{n}\dfrac{l_j(\boldsymbol{x})}{h_j(\boldsymbol{x})}$，形函数的计算关键在于计算 $\dfrac{l_i(\boldsymbol{x})}{h_i(\boldsymbol{x})}$.

为方便起见，记 $s_i(\boldsymbol{x}) = \dfrac{l_i(\boldsymbol{x})}{h_i(\boldsymbol{x})}$，则 $\phi_i(\boldsymbol{x}) = s_i(\boldsymbol{x})\Big/\sum_{j=1}^{n} s_j(\boldsymbol{x})$. 根据定义，$l_i(\boldsymbol{x})$ 为与第 i 个顶点 P_i 相关的凸多边形边长，该边是线段 $\overline{PP_i}$ 的垂直平分线的一部分，其端点为 Q_{i-1}，Q_i，P_{i-1}，P_{i+1} 为 P_i 的两个邻近点（多边形的顶点编号按逆时针方向），则 Q_{i-1}，Q_i 分别为三角形 $PP_{i-1}P_i$，PP_iP_{i+1} 的外接圆圆心，定义以下角度：

$$\phi_1 = \angle PP_iQ_{i-1} = \angle Q_{i-1}PP_i$$

$$\psi_1 = \angle P_iP_{i-1}Q_{i-1} = \angle Q_{i-1}P_iP_{i-1}$$

$$\theta_1 = \angle P_{i-1}PQ_{i-1} = \angle Q_{i-1}P_{i-1}P$$

$$\phi_2 = \angle PP_iQ_i = \angle Q_iPP_i$$

$$\psi_2 = \angle P_iP_{i+1}Q_i = \angle Q_iP_iP_{i+1}$$

$$\theta_2 = \angle P_{i+1}PQ_i = \angle Q_iP_{i+1}P$$

如图 2.3 所示.

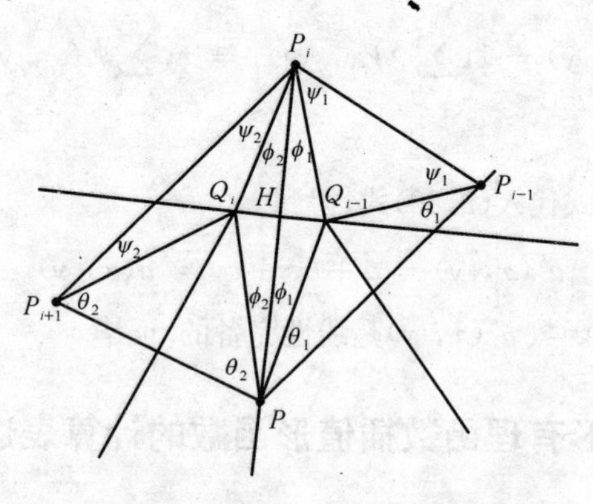

图 2.3　插值形函数计算示意图

根据以上记号，$l_i(\boldsymbol{x})$ 可以表达为

$$l_i(\boldsymbol{x}) = |PH|(\tan\phi_1 + \tan\phi_2) \tag{2.25}$$

H 是 PP_i 与 Q_iQ_{i-1} 的交点. 由于 Q_iQ_{i-1} 是 PP_i 垂直平分线的一部分,可得

$$|PH| = \frac{1}{2}h_i(\boldsymbol{x}) \tag{2.26}$$

因此

$$s_i(\boldsymbol{x}) = \frac{1}{2}(\tan\phi_1 + \tan\phi_2) \tag{2.27}$$

由于三角形的内角和为 180°,得关系式

$$2\phi_1 + 2\psi_1 + 2\theta_1 = 180° \tag{2.28}$$

$$2\phi_2 + 2\psi_2 + 2\theta_2 = 180° \tag{2.29}$$

得

$$\phi_1 = 90° - (\psi_1 + \theta_1) = 90° - \angle PP_{i-1}P_i \tag{2.30}$$

$$\phi_2 = 90° - (\psi_2 + \theta_2) = 90° - \angle PP_{i+1}P_i \tag{2.31}$$

将(2.30)～(2.31)式代入(2.27)式,得

$$s_i(\boldsymbol{x}) = \frac{1}{2}(\cot\angle PP_{i-1}P_i + \cot\angle PP_{i+1}P_i) \tag{2.32}$$

注意到

$$\cot\angle PP_{i-1}P_i = \frac{\cos\angle PP_{i-1}P_i}{\sin\angle PP_{i-1}P_i} = \frac{\overrightarrow{P_{i-1}P}\cdot\overrightarrow{P_{i-1}P_i}}{S(P,\ P_{i-1},\ P_i)} \tag{2.33}$$

$$\cot\angle PP_{i+1}P_i = \frac{\cos\angle PP_{i+1}P}{\sin\angle PP_{i+1}P} = \frac{\overrightarrow{P_{i+1}P}\cdot\overrightarrow{P_{i+1}P_i}}{S(P,\ P_i,\ P_{i+1})} \tag{2.34}$$

这里,• 表示向量的内积, $S(\cdot,\ \cdot,\ \cdot)$ 表示三点构成的三角形的面积两倍. 令点 P, P_{i-1}, P_i, P_{i+1} 的坐标分别为 $(x,\ y)$, $(x_{i-1},\ y_{i-1})$,

(x_i, y_i)，(x_{i+1}, y_{i+1})，经简单的代数运算，则(2.32)式可改写为

$$s_i(x, y)=\frac{1}{2}\left[\frac{(x-x_{i-1})(x_i-x_{i-1})+(y-y_{i-1})(y_i-y_{i-1})}{(x_i-x_{i-1})(y-y_{i-1})-(x-x_{i-1})(y_i-y_{i-1})}+\frac{(x-x_{i+1})(x_i-x_{i+1})+(y-y_{i+1})(y_i-y_{i+1})}{(x-x_{i+1})(y_i-y_{i+1})-(x_i-x_{i+1})(y-y_{i+1})}\right] \tag{2.35}$$

由形函数的表达式形式，在计算(2.35)式时，不必考虑因子$\frac{1}{2}$.至此，我们得到形函数计算的一个代数表达式

$$\phi_i(x, y)=\frac{s_i(x, y)}{\sum_{j=1}^{n} s_j(x, y)},\ i=1, 2, \cdots, n \tag{2.36}$$

由(2.35)式可以看到，插值形函数是有理函数的形式，这是我们命名其为多边形单元有理函数插值的缘由.

2.5 有理函数插值与有限元多项式插值的关系

定理 2.6 插值函数 $u^h(x, y)$在三角形单元上等价于三角形面积坐标插值；在矩形单元上等价于双线性多项式插值.

证明： 定理的第一部分由三角形面积坐标的唯一性[48]，显然成立.

一般的矩形，经过简单的线性变换，可以化成一个单位正方形.我们针对单位正方形单元证明定理的第二部分.

设一个单位正方形的四个顶点的坐标为$(x_1, y_1)=(0, 0)$，$(x_2, y_2)=(1, 0)$，$(x_3, y_3)=(1, 1)$，$(x_4, y_4)=(0, 1)$. 将单元顶点坐标代入公式(2.35)，经代数运算并化简，得

$$s_1(x, y)=\frac{x+y-x^2-y^2}{xy} \tag{2.37}$$

$$s_2(x, y)=\frac{x+y-x^2-y^2}{(1-x)y} \tag{2.38}$$

$$s_3(x, y) = \frac{x+y-x^2-y^2}{(1-x)(1-y)} \tag{2.39}$$

$$s_4(x, y) = \frac{x+y-x^2-y^2}{x(1-y)} \tag{2.40}$$

由形函数的定义(2.36)式,得到正方形四个顶点的形函数为

$$\phi_1(x, y) = (1-x)(1-y) \tag{2.41}$$

$$\phi_2(x, y) = x(1-y) \tag{2.42}$$

$$\phi_3(x, y) = xy \tag{2.43}$$

$$\phi_4(x, y) = (1-x)y \tag{2.44}$$

得到的四个形函数为双线性多项式形式. 证毕.

对于非矩形的四边形单元,其形函数为有理函数形式. 对于顶点坐标为(0, 0),(2, 0),(1.5, 1.5)和(0.5, 1)的四边形单元,如图 2.4 所示,利用 MATLAB 的符号运算,得四个顶点的形函数为

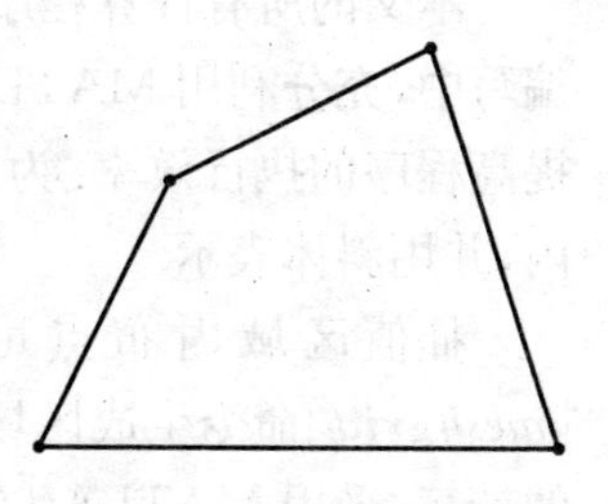

图 2.4　四边形单元

$$\phi_1(x, y) = \frac{1}{3}\,\frac{(2x+3-4y)(3x+y-6)(4x^2+4y^2-8x-y)}{16x^3-(8+18y)x^2+(16y^2-48+11y)x+39y^2-6y-18y^3} \tag{2.45}$$

$$\phi_2(x, y) = \frac{2(2x+3-4y)(2x-y)(x^2+y^2-2x-y)}{16x^3-(8+18y)x^2+(16y^2-48+11y)x+39y^2-6y-18y^3} \tag{2.46}$$

$$\phi_3(x, y) = \frac{2}{3}\,\frac{(2x-y)(14x^2+14y^2-37x-17y+18)}{16x^3-(8+18y)x^2+(16y^2-48+11y)x+39y^2-6y-18y^3} \tag{2.47}$$

$$\phi_4(x,\ y) = \frac{-2y(3x+y-6)(2x^2+2y^2-7x+y)}{16x^3-(8+18y)x^2+(16y^2-48+11y)x+39y^2-6y-18y^3} \tag{2.48}$$

对于边数大于 4 的多边形,其有理函数插值形函数的代数表达式比较复杂,在实际计算过程中,一般采用数值计算的方法.

2.6 有理函数插值的计算流程

本文的所有计算程序均采用 MATLAB 语言编写,在计算程序的编写中,充分利用 MATLAB 自带的子函数命令,以方便程序的编写,提高程序的执行效率. 为区别起见,MATLAB 命令放在方括号[ ]内,并用斜体表示.

插值区域内布点可以逐点输入节点的坐标,也可以采用[*meshgrid*]命令生成区域内的网格点. 函数在插值节点(网格点)值的计算,采用 MATLAB 的矩阵运算方式一次完成. 在插值形函数的计算过程中,首先分别计算 $s_i(x,\ y)$的分子和分母在网格点的值,得到 $s_i(x,\ y)$后,再对所有的 $s_i(x,\ y)$求和,计算得到 $\phi_i(x,\ y)$在网格点的值. 图形的显示采用[*surf*]绘制三维填充曲面图,[*contourf*]绘制填充的等值线图.

完整的有理函数插值计算流程如下:

(1) 输入区域内插值节点的坐标;

(2) 采用矩阵运算,计算插值节点处被插值量的准确值;

(3) 输入插值点的坐标,计算插值点处被插值量的值;

(4) 计算每一个节点的 $s_i(x,\ y)$在插值点上的值,对所有节点的 $s_i(x,\ y)$求和,计算得到节点形函数 $\phi_i(x,\ y)$在插值点的值;

(5) 按有理函数插值格式,计算插值点处被插值量的插值;

(6) 绘制图形.

2.7 有理插值曲面

为检验有理函数插值的插值效果，对圆域上的曲面，采用有理函数插值重构该曲面.

2.7.1 圆域上的双曲面有理函数插值重构

对于单位圆上的曲面，曲面方程的柱坐标表达为

$$u(r,\ \theta) = \frac{3}{2} + \frac{r^2}{2}\cos 2\theta,\ 0 \leqslant r \leqslant 1,\ 0 \leqslant \theta < 2\pi \tag{2.49}$$

曲面方程的直角坐标表达为

$$u(x,\ y) = \frac{3}{2} + \frac{1}{2}(x^2 - y^2) \tag{2.50}$$

该曲面的图形为一马鞍面形状，如图 2.5 所示. 在重构曲面的过程中，在曲面的边界上均匀取 30 个点，由这 30 个点的数据，采用有理函数插值在 30 边形上重构曲面. 重构的曲面如图 2.6 所示. 比较图 2.5～2.6 可以看出，有理函数插值能够较好的重构出曲面.

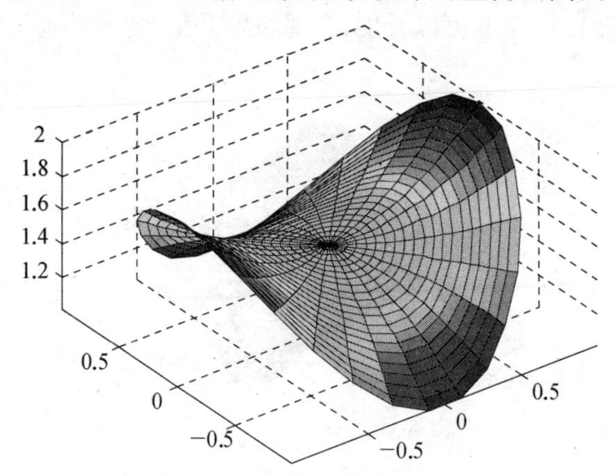

图 2.5　单位圆上的准确曲面

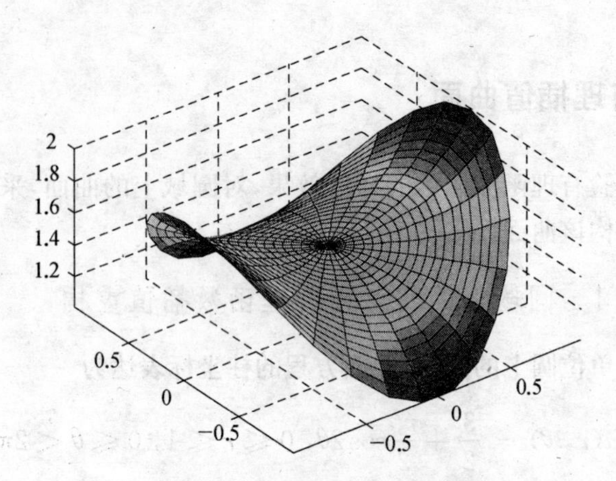

图 2.6　有理函数插值重构曲面

2.7.2　圆域上的一个复杂曲面有理函数插值重构

对于单位圆上的曲面，曲面方程的直角坐标表达为

$$u(x,\ y) = \sin 3x \cosh 3y,\ x^2 + y^2 \leqslant 1 \qquad (2.51)$$

曲面的准确图形如图 2.7 所示. 采用与 2.7.1 同样的方法重构该曲面，有理函数重构的曲面如图 2.8 所示.

由 2.7.1～2.7.2 可以看出，有理函数插值能够准确地重构出曲面.

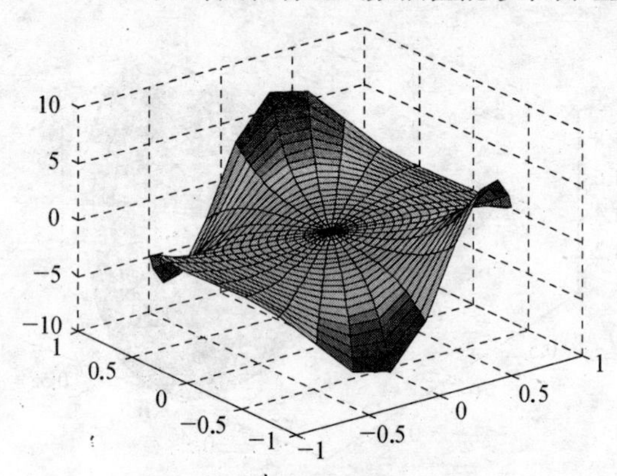

图 2.7　单位圆上的准确曲面

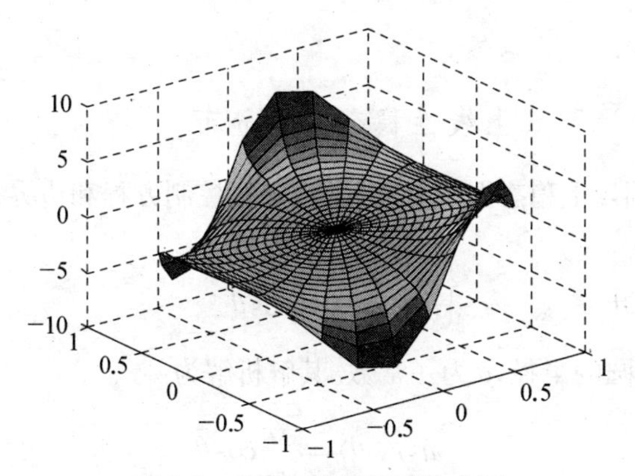

图 2.8　有理函数插值重构曲面

2.8　凸域上温度分布的有理函数插值近似

许多工程问题的研究需要知道求解域内的温度场分布，例如力学中的热应力计算等[174]．稳态温度场分布的控制方程为 Laplace 方程，温度分布可以通过求解 Laplace 方程的边值问题得到[175-177]．但是对于复杂的求解区域或者边界条件，难以得到温度分布的解析表达式．并且在实际工作中，我们能知道的一般是区域边界温度分布的离散数据，如何通过这些边界上的离散数据近似得到区域内的温度分布，是工程技术人员所关心的问题．

近似区域内温度分布的传统方法是有限元法．将求解区域划分成三角形或四边形单元，在每个单元上用多项式插值单元节点温度值，得到单元上的近似温度分布，进而得到整个区域的近似温度分布．有限元法需要在区域内部布置节点，所得到的温度场的梯度是不连续的．

采用多边形划分区域，可以减少单元数量，进而改善区域内温度场梯度的不连续性．对于凸区域可以采用一个多边形单元插值，例如对于圆形区域采用一个圆内接正 20 边形单元插值，由此得到的近似温度场在区域内梯度是连续的．

下面利用我们构造的多边形有理函数插值来插值近似凸域上的

温度场分布.

2.8.1 圆域上线性稳态温度分布

考虑圆域上稳态温度分布,其极坐标控制方程和边界条件为

$$\begin{cases}\nabla^2 u = 0, \ r < r_0 \\ u\,|_{r=r_0} = c\cos\theta\end{cases} \tag{2.52}$$

其中,r_0 为圆的半径,c 为一常数. 其解析解为

$$u(r,\ \theta) = \frac{cr}{r_0}\cos\theta \tag{2.53}$$

在直角坐标系的解析解为线性的

$$u(x,\ y) = \frac{c}{r_0}x \tag{2.54}$$

在圆周上均匀取 20 个点作为插值节点,在圆内均匀布置 441 个插值点,由 20 个插值节点的温度值插值求出圆内 441 个点的温度值. 插值计算时,取 $r_0=1$,$c=1$. 温度场的精确分布和有理插值近似分布如图 2.9~2.10 所示.

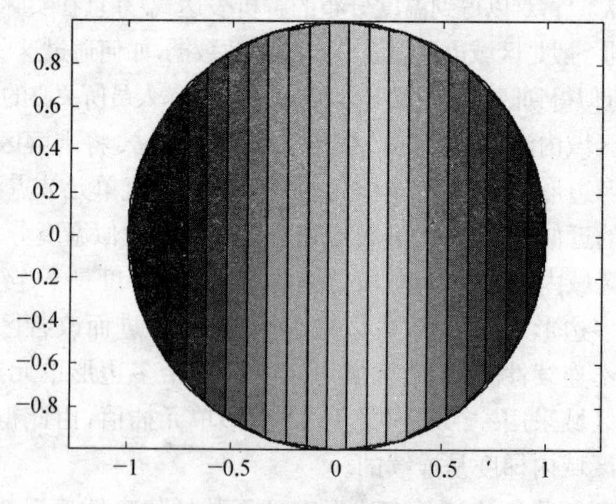

图 2.9 解析温度场分布

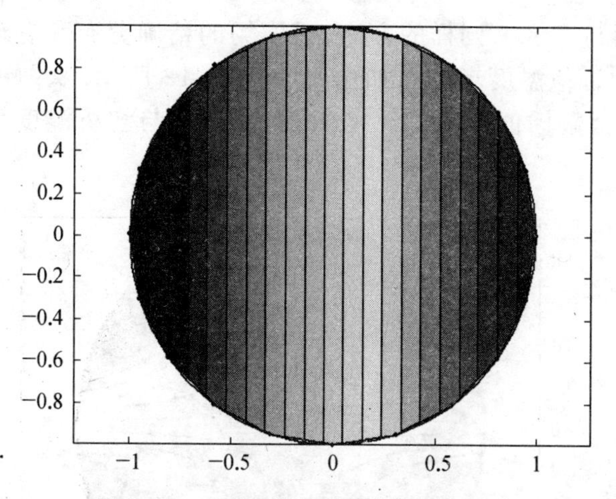

图 2.10　有理函数插值近似温度场分布

本算例中，插值最大绝对误差 $\max\limits_{i}\left|u_i^{\text{exact}}-u_i^{\text{interp}}\right| = 4.440\,9\times 10^{-16}$，考虑到机器误差，认为插值近似的温度场分布与精确分布相同. 这是因为我们构造的有理函数插值对线性温度场是精确的.

2.8.2　圆域上非线性稳态温度分布

考虑圆域上非线性稳态温度分布，其极坐标控制方程和边界条件为

$$\begin{cases}\nabla^2 u = 0,\ r < r_0 \\ u\,|_{r=r_0} = r_0^2 \cos\theta \sin\theta\end{cases} \tag{2.55}$$

其中，r_0 为圆的半径，计算时取 1. 其解析解为

$$u(r,\ \theta) = \frac{1}{2} r^2 \sin 2\theta \tag{2.56}$$

在直角坐标系下，解析解为

$$u(x,\ y) = xy \tag{2.57}$$

采用与 2.8.1 同样的方法，温度场的精确分布和有理函数插值得到的近似温度场分布如图 2.11～2.12 所示. 从图中可以看出，有理函数插值得到的温度场近似分布，与解析温度场分布十分吻合.

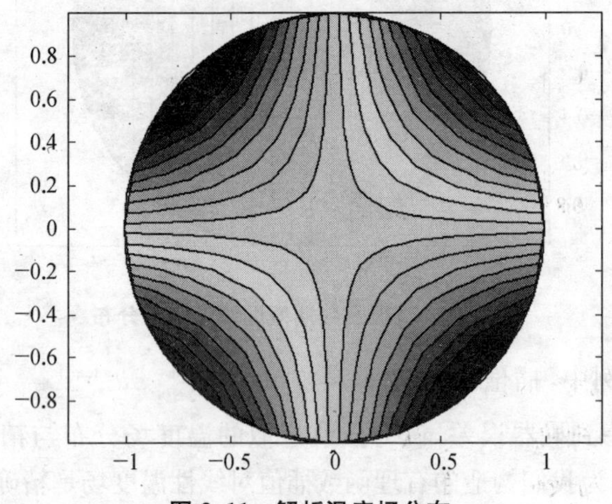

图 2.11　解析温度场分布

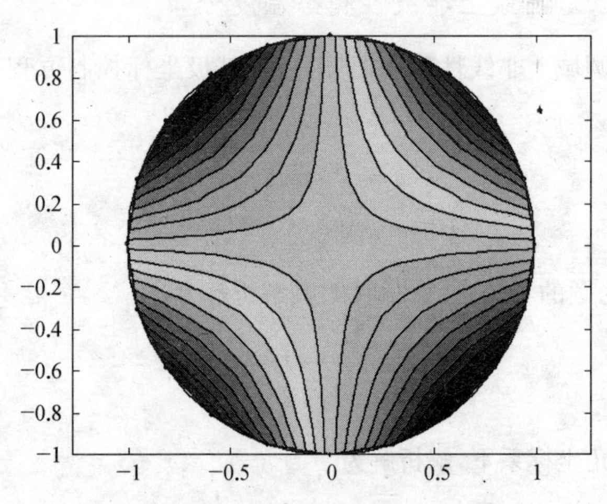

图 2.12　有理函数插值近似温度场分布

2.8.3 正方形区域上非线性稳态温度分布

正方形区域上稳态温度的控制方程

$$\nabla^2 u = \frac{\partial^2 u}{\partial x^2} + \frac{\partial^2 u}{\partial y^2} = 0 \tag{2.58}$$

和边界条件

$$u(0, y) = 0, u(1, y) = 0, u(x, 0) = \sin(\pi x), u(x, 1) = 0 \tag{2.59}$$

其解析解为[62]

$$u(x, y) = \frac{\sin(\pi x)\sinh(\pi(1-y))}{\sinh(\pi)} \tag{2.60}$$

在正方形的边上加入若干边节点,在正方形的内部均匀布置 100 个插值点,由边界节点的温度值采用有理函数插值计算区域内部插值点的近似温度值,从而得到正方形区域内的近似温度分布.

图 2.13 为解析温度场分布;图 2.14 为每边 4 个边节点的 20 节

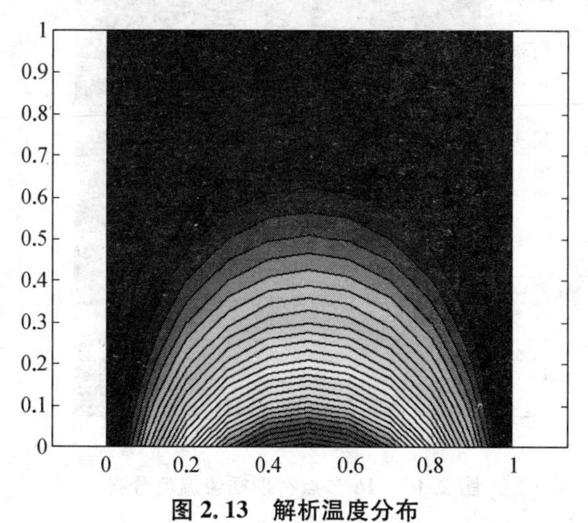

图 2.13 解析温度分布

点有理插值分布；图2. 15为每边 3 个边节点的 16 节点有理插值分布；图 2. 16 为底边 9 个边节点，其余边 4 个边节点的 25 节点有理插值分布；图 2. 17～2. 18 为 8 节点和 12 节点有理插值分布.

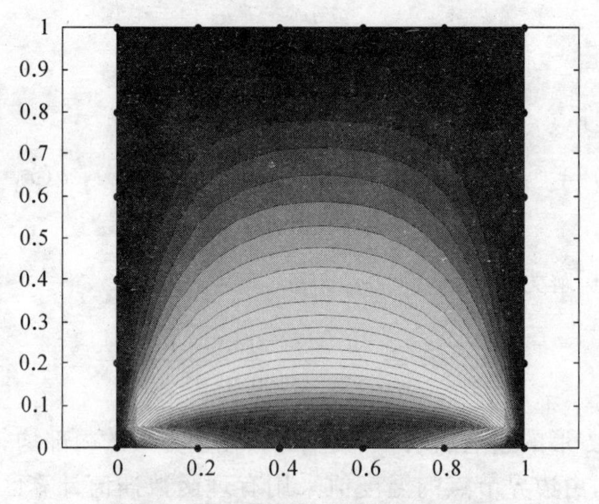

图 2. 14　20 节点有理插值温度分布

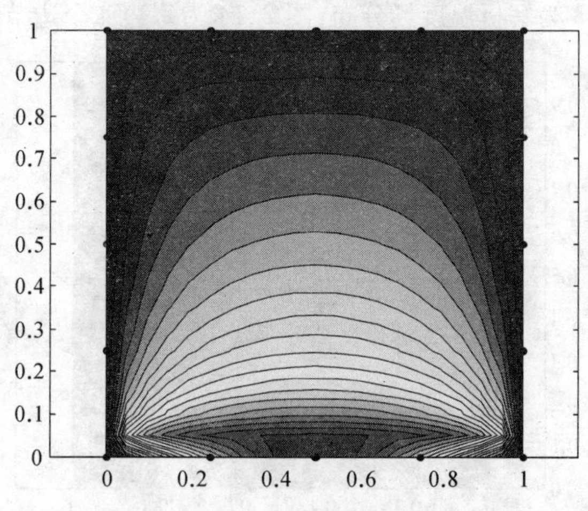

图 2. 15　16 节点有理插值温度分布

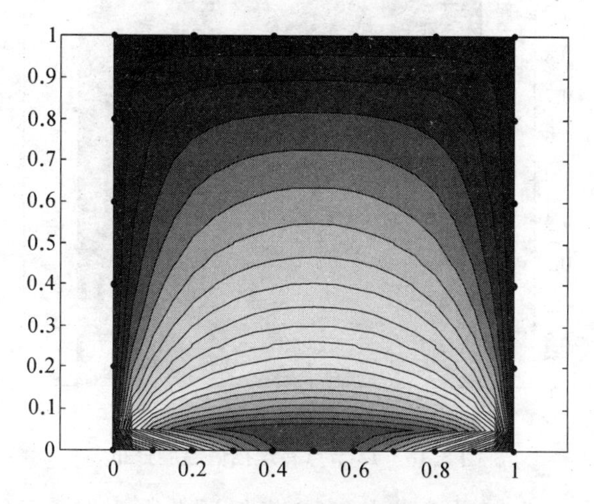

图 2. 16　25 节点有理插值温度分布

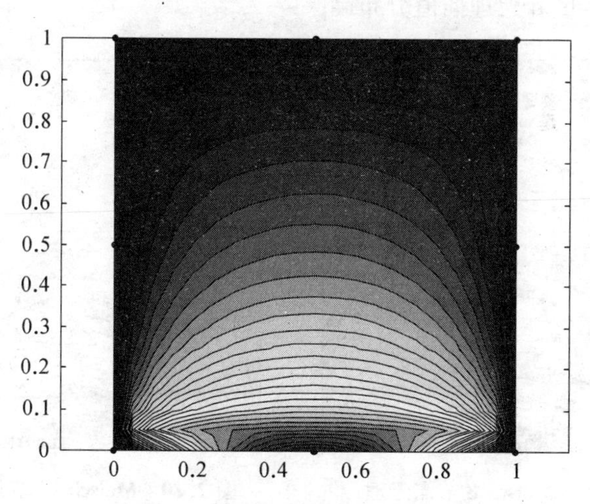

图 2. 17　8 节点有理插值温度分布

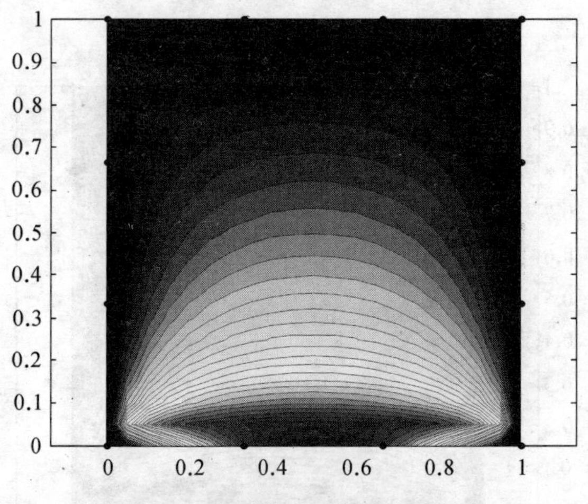

图 2.18　12 节点有理插值温度分布

图 2.19～2.20 为 8 节点和 12 节点 Malsch 无理插值分布[64]. 比较图 2.17～2.18 和图 2.19～2.20,可以看出本方法的精度在区域的上部较 Malsch 无理插值分布高.

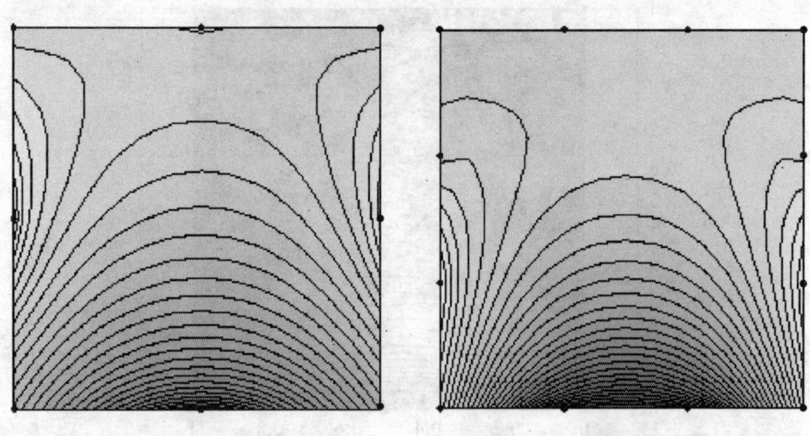

图 2.19　Malsch 8 节点无理插值温度分布

图 2.20　Malsch 12 节点无理插值温度分布

由图 2.14～2.18 可以看出,在区域下部与准确温度场分布相比,精度不是很高.这一缺陷将在第3章中,采用新的方法加以改进.

另外,从图2.14~2.18中可以看出,插值温度场分布对于插值节点数量的多少并不敏感,这是因为温度场分布在区域的三条边上取值为零的缘故.

2.9 本章小结

本章采用几何方法构造出多边形单元上的有理函数插值,给出了插值函数的有关性质和插值形函数计算表达式.利用该表达式可以很方便的编制计算程序.

多边形有理函数插值以多边形的顶点作为插值节点,充分考虑到单元节点分布对插值函数的影响.采用有理函数形式的插值函数,克服了传统有限元方法构造边数大于4的多边形单元位移插值函数的困难,适用于高度不规则网格的数据插值和偏微分方程的数值求解.

构造的有理函数插值可以准确插值线性函数.有理函数插值形函数在多边形区域的内部是C^{∞}的,在多边形的边界上是C^{0}的.在三角形单元和矩形单元上,多边形有理函数插值分别等价于传统有限元的三角形面积坐标插值和四边形双线性插值.

为检验有理函数插值的插值效果,对单位圆上的曲面,利用有理函数插值进行曲面重构.算例表明,对于满足Laplace方程的曲面,有理函数插值可以比较精确地重构该曲面.

利用构造的有理函数插值,对凸区域上的温度分布进行插值近似,算例表明本方法对圆形区域具有较好的近似精度,对于矩形区域插值精度有待改善.我们将在第三章给出改进的方法.

第三章　多边形有理超限插值

3.1　引言

插值是一种函数逼近方法,其在曲线、曲面造型和工程数值方法中具有重要作用.人们已经提出了各种各样的插值方案,按照插值函数类的不同可以分为多项式插值和有理函数插值等.多项式插值由于多项式在运算上的简单性、插值建立和算法实现的方便性,使得其在工程技术中得到广泛的应用.但是对于一些特殊的问题,例如带有极点的函数,利用多项式逼近就未必有效,由此很自然地想到采用有理函数作为逼近函数.

在曲面造型和工程数值方法中,广泛采用双变量插值.双变量插值相比单插值要复杂得多.双变量插值按预先给定的条件不同,可分为点基插值(Point-based Interpolation)和超限插值(Transfinite Interpolation).

点基插值预先给定一组不同的点$\{(x_i, y_i), i=1, 2, \cdots, n\}$和其对应的函数值$\{f_i, i=1, 2, \cdots, n\}$,在某个函数类中求一个函数$f(x, y)$,使得$f(x_i, y_i)=f_i, i=1, 2, \cdots, n$.

超限插值预先给定一组曲线$\{C_i, i=1, 2, \cdots, n\}$,求一个函数$f(x, y)$,使得函数的曲面通过给定的曲线.从几何的观点看,点基插值要求所求函数曲面通过空间给定的点,超限插值要求所求函数曲面通过空间给定曲线.

与点基插值格式常采用形函数(基函数)表示类似,超限插值一般表示为对应各边混合函数(Blending Function)的形式[11].多边形的第i条边的混合函数$\phi_i(x, y)$在多边形上具有以下性质:

(1) $0 \leqslant \phi_i(x, y) \leqslant 1$;

(2) $\phi_i(x, y)$ 在第 i 条边上等于 1,在其他边上等于零.

在计算机图形学和数值方法中,应用比较广泛的超限插值是由 S. Coons 在 20 世纪 60 年代提出了一种插值方法[74]. 给定空间四条封闭曲线,通过多项式形式的混合函数 (Blending Functions) 求得一个曲面,使得曲面通过这四条曲线. 这种插值方法后人称之为 Coons 插值,在计算机图形学领域也称为 Coons 曲面片(Coons Patch),其在曲面造型和工程数值方法中得到广泛的应用[135-138].

Coons 插值是建立在单位正方形上的,在曲面重构等领域,采用多边形曲面片重构曲面,可以减少单元的划分,节约计算时间[94, 178].

本章利用几何的方法构造一种多边形上的有理混合函数,建立一种多边形有理超限插值,进而得到有理 Coons 插值. 利用有理 Coons 插值可以改进含有边节点矩形区域温度场分布有理插值近似精度差的问题.

本章安排如下,第 2 节简要介绍 Coons 插值;第 3 节采用几何的方法构造多边形上的有理混合函数;第 4 节给出有理混合函数的代数表达式;第 5 节建立多边形有理超限插值的插值格式;第 6 节为有理 Coons 曲面片;第 7 节利用建立的多边形有理超限插值对矩形区域温度场分布进行插值近似;最后是本章的小结.

3.2 Coons 插值

与点基插值不同,Coons 插值是插值四条边界曲线. Coons 插值的提法为:对于一个曲面

$$z = f(x, y), (x, y) \in D, D = [0, 1] \otimes [0, 1] \tag{3.1}$$

曲面的四条边界给定为 $f(0, y)$,$f(x, 0)$,$f(1, y)$和 $f(x, 1)$,构造一张曲面,使之通过这四条边界.

常用的双线性混合函数 Coons 插值的插值格式为[11]

$$z(x,\ y) = (1-x)f(0,\ y) + xf(1,\ y) + (1-y)f(x,\ 0) + \\ yf(x,\ 1) - [1-x,\ x]\begin{bmatrix} f(0,\ 0) & f(0,1) \\ f(1,\ 0) & f(1,1) \end{bmatrix}\begin{bmatrix} 1-y \\ y \end{bmatrix} \tag{3.2}$$

Coons 插值的混合函数为

$$\phi_1(x) = 1-x,\ \phi_2(x) = x,\ \phi_3(y) = 1-y,\ \phi_4(y) = y \tag{3.3}$$

公式(3.2)中的最后一项为修正项,其保证了插值曲面通过四条边界曲线.

3.3 多边形上有理混合函数的构造

Coons 插值的基本思想是:通过混合函数使得某一边上的曲线对构造曲面的影响,在该边上为 1,而在其对边上为 0. 利用 Coons 插值的构造思想,在多边形上如能找到一组有理混合函数,使得其与多项式形式的混合函数具有同样的性质,则可以构造出多边形上有理形式的超限插值——多边形有理超限插值,进而可以得到有理的 Coons 曲面片.

对于一个凸 n 边形 $A_1A_2\cdots A_n$,其顶点坐标为 $A_1(x_1,\ y_1)$,$A_2(x_2,\ y_2)$,…,$A_n(x_n,\ y_n)$,$P(x,\ y)$ 为多边形内任意一点. 多边形的顶点 A_1,A_2,…,A_n 按逆时针排列. 对于多边形的第 i 边 $A_iA_{i+1}(i=1,\ 2,\ \cdots,\ n)$(下标 $n+1$ 读作 1),$PC_i(1=1,\ 2,\ \cdots,\ n)$ 为点 P 到边 A_iA_{i+1} 的垂线,$C_i(i=1,\ 2,\ \cdots,\ n)$ 为对应的垂足. B_iB_{i+1} 为线段 PC_i 的垂直平分线,垂直平分线 B_iB_{i+1} 相交于 B_1,B_2,…,B_n. 以五边形作为示例,参见图 3.1.

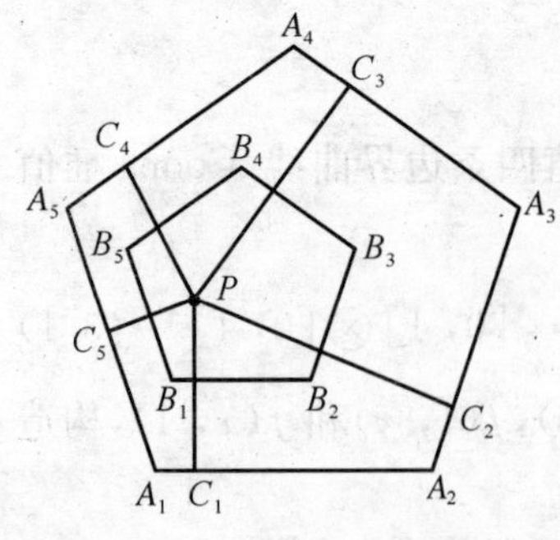

图 3.1 五边形上超限插值

令 $|PC_i|$ $(i=1, 2, \cdots, n)$表示线段 PC_i 的长度，$|B_iB_{i+1}|$ $(i=1, 2, \cdots, n)$表示线段 B_iB_{i+1} 的长度. 记

$$s_i(x, y)=\frac{|B_iB_{i+1}|}{|PC_i|}, (1=1, 2, \cdots, n) \tag{3.4}$$

定义关于第 i 边 $A_iA_{i+1}(i=1, 2, \cdots, n)$ 的函数 $\phi_i(x, y)$ 为

$$\phi_i(x, y)=\frac{s_i}{\sum_{j=1}^{n} s_j}, (i=1, 2, \cdots, n) \tag{3.5}$$

则 $\phi_i(x, y)$ 表示第 i 边 $A_iA_{i+1}(i=1, 2, \cdots, n)$ 对点 P 影响的大小，由(3.5)式可以看出，$\phi_i(x, y)$ 是关于 x, y 的有理函数.

定理 3.1 对于多边形上的点 $P(x, y)$，由(3.5)式定义的有理函数 $\phi_i(x, y)$满足：

(1) $0\leqslant\phi_i(x, y)\leqslant 1$；

(2) $\sum\limits_{i=1}^{n}\phi_i(x, y)=1$；

(3) $\phi_i(x, y)$ 在第 i 条边上(除了边的端点)等于 1，在其他边上(除了边的端点)等于零.

证明： 点当 P 位于多边形的内部时，由函数 $\phi_i(x, y)$的定义，显然有

$$0<\phi_i(P)<1 \tag{3.6}$$

$$\sum_{i=1}^{n}\phi_i(P)=1 \tag{3.7}$$

由(3.7)式，定理的第 2 条得证.

记位于第 i 条边 A_iA_{i+1} 上的点(两个端点 A_i，A_{i+1} 除外，以下证明提到边时，都不包含边的端点) 为集合 $P^{(i)}$，则集合 $P^{(i)}$ 可以表示为

$$P^{(i)}=(1-t)A_i+tA_{i+1}, (0<t<1) \tag{3.8}$$

当点 P 位于第 i 条边时，$P\in P^{(i)}$，s_i 的分母 $|PC_i|$ 恒等于零，其分

子 $|B_iB_{i+1}|$ 是有限值,因此 $s_i(P)$ 是无限的,但是 $s_j(P)$, $j \neq i$ 是有限的. 因此当 $P \rightarrow P^{(i)}$ 时

$$
\begin{aligned}
\lim_{P \rightarrow P^{(i)}} \phi_i(P) &= \lim_{P \rightarrow P^{(i)}} \frac{s_i}{s_1 + s_2 + \cdots + s_n} \\
&= \lim_{P \rightarrow P^{(i)}} \frac{1}{\dfrac{s_1}{s_i} + \cdots + \dfrac{s_{i-1}}{s_i} + 1 + \dfrac{s_{i+1}}{s_i} + \cdots + \dfrac{s_n}{s_i}} \\
&= 1
\end{aligned}
\tag{3.9}
$$

当点 P 位于第 j 条边时, $P \in P^{(j)} (j \neq i)$, $s_i(P)$ 是有限的, $s_j(P)$, $j \neq i$ 为无限的. 因此当 $P \rightarrow P^{(j)} (j \neq i)$ 时

$$
\begin{aligned}
\lim_{P \rightarrow P^{(j)}} \phi_i(P) &= \lim_{P \rightarrow P^{(j)}} \frac{s_i}{s_1 + s_2 + \cdots + s_n} \\
&= \lim_{P \rightarrow P^{(j)}} \frac{\dfrac{s_i}{s_j}}{\dfrac{s_1}{s_j} + \cdots + \dfrac{s_{j-1}}{s_j} + 1 + \dfrac{s_{j+1}}{s_j} + \cdots + \dfrac{s_n}{s_j}} \\
&= 0
\end{aligned}
\tag{3.10}
$$

由(3.9)~(3.10)式可得

$$\phi_i(P^{(i)}) = 1,\ \phi_i(P^{(j)}) = 0,\ j \neq i \tag{3.11}$$

即

$$\phi_i(P^{(j)}) = \delta_{ij} = \begin{cases} 1 & i = j \\ 0 & i \neq j \end{cases} \tag{3.12}$$

由(3.12)式,定理第 3 条得证.

当点 P 位于多边形的顶点时,我们补充定义

$$\phi_i(A_i) = \phi_i(A_{i+1}) = \frac{1}{2},\ i = 1, 2, \cdots, n \tag{3.13}$$

$$\phi_i(A_j)=0,\ j\neq i,\ i+1,\ i=1,\ 2,\ \cdots,\ n \tag{3.14}$$

由(3.6)、(3.12)～(3.14)式,定理第一条得证. 证毕.

由(3.13)～(3.14)式定义函数在多边形顶点上的值,可以保证下面构造的超限插值函数,通过预先给定的四条边界曲线.

由定理3.1可知,我们构造的函数 $\phi_i(x,\ y)$ 符合混合函数的要求.

3.4 有理混合函数的代数表达式

由有理混合函数的定义,求有理混合函数的关键在于求(3.4)式,注意到

$$|B_iB_{i+1}|=\frac{1}{2}\sqrt{(x_{i+1}-x_i)^2+(y_{i+1}-y_i)^2},$$

$$i=1,\ 2,\ \cdots,\ n \tag{3.15}$$

直线 A_iA_{i+1} 的方程为

$$\begin{vmatrix} 1 & x & y \\ 1 & x_i & y_i \\ 1 & x_{i+1} & y_{i+1} \end{vmatrix}=0,\ i=1,\ 2,\ \cdots,\ n \tag{3.16}$$

也就是

$$(x_iy_{i+1}-x_{i+1}y_i)-(y_{i+1}-y_i)x+(x_{i+1}-x_i)y=0 \tag{3.17}$$

当点 $P(x,\ y)$ 位于多边形的内部时,有

$$\begin{vmatrix} 1 & x & y \\ 1 & x_i & y_i \\ 1 & x_{i+1} & y_{i+1} \end{vmatrix}\geqslant 0,\ i=1,\ 2,\ \cdots,\ n \tag{3.18}$$

因此,线段 PC_i 的长度为

$$|PC_i| = \frac{\begin{vmatrix} 1 & x & y \\ 1 & x_i & y_i \\ 1 & x_{i+1} & y_{i+1} \end{vmatrix}}{\sqrt{(x_{i+1}-x_i)^2+(y_{i+1}-y_i)^2}},$$

$$i = 1, 2, \cdots, n \tag{3.19}$$

由(3.15)和(3.19)式,可得

$$s_i(x, y) = \frac{1}{2}\frac{(x_{i+1}-x_i)^2+(y_{i+1}-y_i)^2}{(x_i y_{i+1}-x_{i+1}y_i)-(y_{i+1}-y_i)x+(x_{i+1}-x_i)y},$$

$$i = 1, 2, \cdots, n \tag{3.20}$$

由(3.20)式可以得到有理混合函数的代数计算表达式.在实际计算过程中,(3.20)式中的因子$\frac{1}{2}$可以忽略.

3.5 多边形有理超限插值

利用上面构造的有理混合函数,可以构造多边形上的有理超限插值.对于一个 n 边形 $A_1A_2\cdots A_n$,给定定义在多边形边界上的曲线方程

$$f_1(x^{(1)}, y^{(1)}) = 0, f_2(x^{(2)}, y^{(2)}) = 0, \cdots, f_n(x^{(n)}, y^{(n)}) = 0 \tag{3.21}$$

这里

$$x^{(i)} = (1-t)x_i + tx_{i+1}, 0 \leqslant t \leqslant 1 \tag{3.22}$$

$$y^{(i)} = (1-t)y_i + ty_{i+1}, 0 \leqslant t \leqslant 1 \tag{3.23}$$

在多边形的顶点的协调条件为

$$f_i(x_{i+1}, y_{i+1}) = f_{i+1}(x_{i+1}, y_{i+1}), (i = 1, 2, \cdots, n) \tag{3.24}$$

下标 $n+1$ 读作 1.

定义以下插值格式

$$z(x, y)=\sum_{i=1}^{n}\phi_i(x, y)f_i(x^{(i)}, y^{(i)}) \tag{3.25}$$

这里 $(x^{(i)}, y^{(i)})(i=1, 2, \cdots, n)$为点$P(x, y)$到边$A_iA_{i+1}$垂线的垂足.

定理 3.2 在多边形$A_1A_2\cdots A_n$上,由(3.25)式定义的插值格式得到的曲面$z(x, y)$,以给定的曲线$f_1(x^{(1)}, y^{(1)})=0$,$f_2(x^{(2)}, y^{(2)})=0$, $\cdots$, $f_n(x^{(n)}, y^{(n)})=0$为边界曲线.

证明: 当点$P(x, y)$位于边A_1A_2上(两个端点A_1, A_2除外)时,由(3.12)和(3.25)式,可得

$$z(x, y)=\sum_{i=1}^{n}\phi_i(x, y)f_i(x^{(i)}, y^{(i)})=f_1(x, y) \tag{3.26}$$

当点$P(x, y)$位于多边形的顶点$A_1(x_1, y_1)$时,由(3.13)~(3.14)式,可得

$$\begin{aligned}z(x_1, y_1)&=\sum_{i=1}^{n}\phi_i(x_1, y_1)f_i(x^{(i)}, y^{(i)})\\&=\frac{1}{2}f_1(x_1, y_1)+\frac{1}{2}f_n(x_1, y_1)=f_1(x_1, y_1)\end{aligned} \tag{3.27}$$

在(3.27)中,使用了(3.24)式——边界曲线的协调性条件.

对于点$P(x, y)$位于其他的边和顶点的情形,可以类似证明.因此,由(3.25)式定义的插值格式得到的曲面,以给定的曲线作为边界曲线.证毕.

3.6 有理 Coons 曲面片

3.6.1 有理 Coons 插值

当多边形退化为单位正方形时,多边形超限插值曲面片退化为计算机图形学中广泛使用的四边形曲面片,我们称之为有理 Coons 曲面片

(Rational Coons Patch)或有理 Coons 插值(Rational Coons Interpolation).

经过简单的代数运算,可得有理 Coons 曲面片的混合函数为

$$\phi_1(x, y) = \frac{(1-x)(1-y)y}{x-x^2+y-y^2} \tag{3.28}$$

$$\phi_2(x, y) = \frac{x(1-x)(1-y)}{x-x^2+y-y^2} \tag{3.29}$$

$$\phi_3(x, y) = \frac{x(1-y)y}{x-x^2+y-y^2} \tag{3.30}$$

$$\phi_4(x, y) = \frac{x(1-x)y}{x-x^2+y-y^2} \tag{3.31}$$

有理混合函数 $\phi_1(x, y)$, $\phi_3(x, y)$ 的图形如图 3.2~3.3 所示,其他两个有理混合函数的图形示类似的.从图 3.2~3.3 可以看出,有理 Coons 插值的混合函数图形由一边其对边为非线性过渡,这与 Coons 插值的混合函数的线性性决然不同.

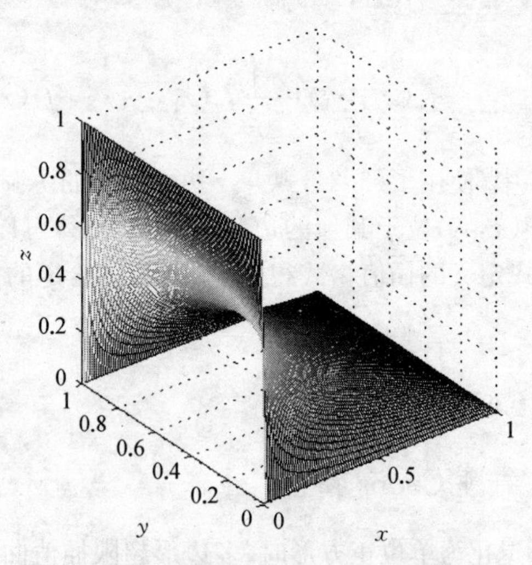

图 3.2 混合函数 $\phi_1(x, y)$ 的图形

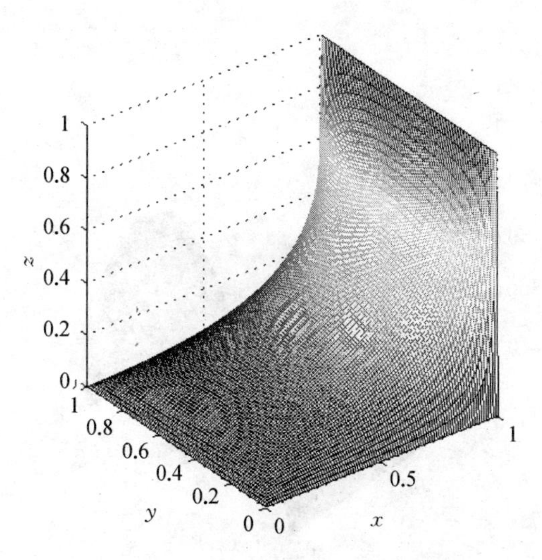

图 3.3　混合函数 $\phi_3(x, y)$ 的图形

观察有理混合函数(3.28)～(3.31)，可以看出有理混合函数的分母为过正方形四个顶点的圆方程；分子为其他三边直线方程的乘积.

为检验有理多边形超限插值的插值效果，对两个单位正方形上的曲面片进行有理 Coons 插值重构.

3.6.2　正方形上复杂曲面的有理 Coons 插值重构

设一定义在单位正方形的曲面片

$$z=\frac{\sin(\pi x)\sinh(\pi(1-y))}{\sinh(\pi)},(x, y)\in[0, 1]\otimes[0, 1] \quad (3.32)$$

其四条边界曲线为

$$z(0, y)=0, z(1, y)=0, z(x, 0)=\sin(\pi x), z(x, 1)=0 \quad (3.33)$$

分别采用 Coons 插值和有理 Coons 插值对曲面进行插值近似，其准确曲面和两个插值曲面分别如图 3.4～3.6 所示. 由图可以看出，有理 Coons 插值的曲面片比 Coons 插值的曲面片更接近准确的曲面片.

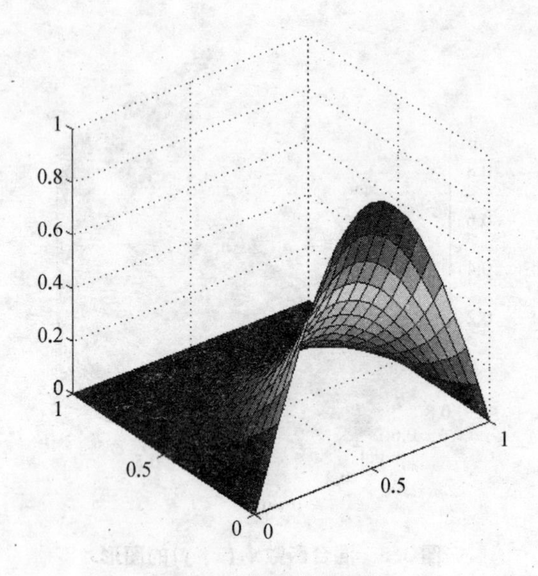

图 3.4　精确的曲面片

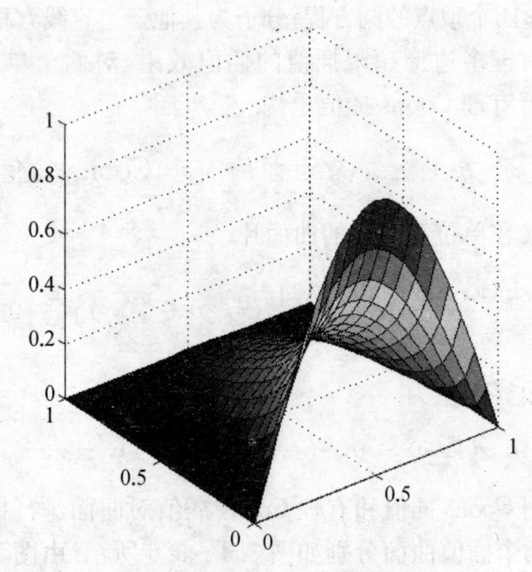

图 3.5　有理 Coons 插值曲面片

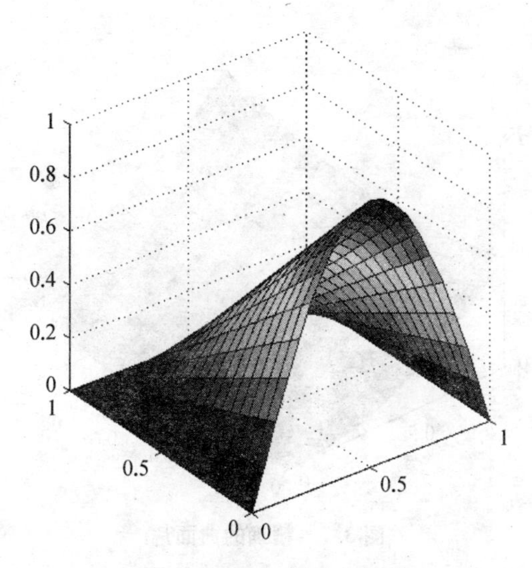

图 3.6 Coons 插值曲面片

3.6.3 正方形上二次曲面的有理 Coons 插值重构

设一定义在单位正方形的二次曲面

$$z = x^2 + y^2, (x, y) \in [0, 1] \otimes [0, 1] \tag{3.34}$$

其四条边界曲线为

$$z(0, y) = y^2, z(1, y) = 1 + y^2, z(x, 0) = x^2,$$
$$z(x, 1) = 1 + x^2 \tag{3.35}$$

分别采用 Coons 插值和有理 Coons 插值对曲面进行插值近似，其准确曲面和两个插值曲面分别如图 3.7～3.9 所示.

Coons 插值可以得到准确的曲面片，有理 Coons 插值的曲面片与准确曲面片之间虽然存在一些微小的差异，但总的插值效果还是令人满意的.

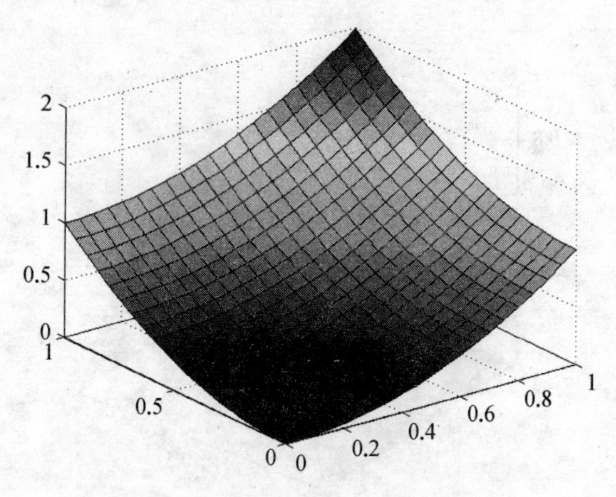

图 3.7 精确的曲面片

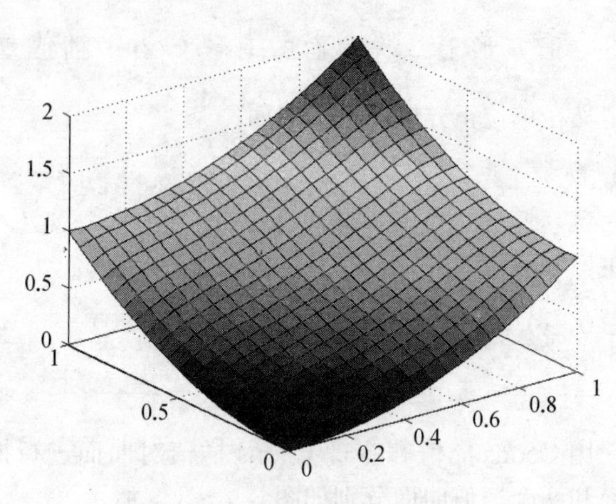

图 3.8 有理 Coons 插值曲面片

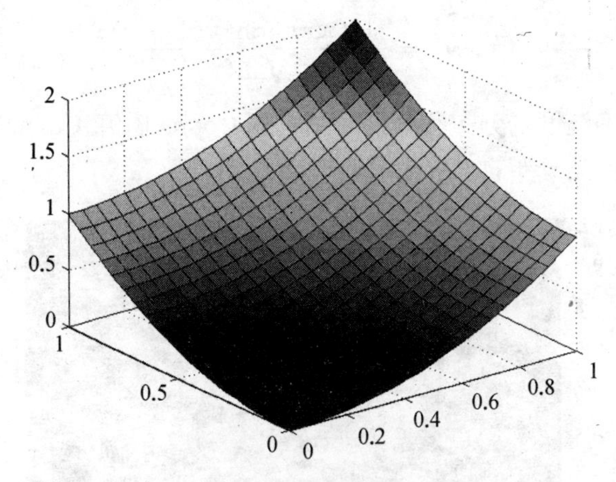

图 3.9　Coons 插值曲面片

3.7　矩形区域温度场的插值近似

利用有理 Coons 插值，对矩形区域上温度场分布进行插值近似. 在第 2 章我们用有理函数插值，对矩形区域上温度场分布进行了插值近似，所得的结果虽然比文献[62]中的结果有所改善，但还是不甚理想. 这里采用有理 Coons 插值进行插值近似，以改善矩形区域上温度场分布的插值近似效果.

3.7.1　正方形区域上的稳态温度场

考虑单位正方形区域[0, 1; 0, 1]上稳态温度分布，其控制方程

$$\nabla^2 u = \frac{\partial^2 u}{\partial x^2} + \frac{\partial^2 u}{\partial y^2} = 0 \tag{3.36}$$

边界条件

$$u(0,\ y) = 0,\ u(1,\ y) = 0,\ u(x,\ 0) = \sin(\pi x),\ u(x,\ 1) = 0 \tag{3.37}$$

其解析解为[62]

$$u(x, y) = \frac{\sin(\pi x)\sinh(\pi(1-y))}{\sinh(\pi)} \tag{3.38}$$

其精确温度场分布和分别采用有理 Coons 插值、Coons 插值得到的近似温度场分布，如图 3.10～3.12 所示.

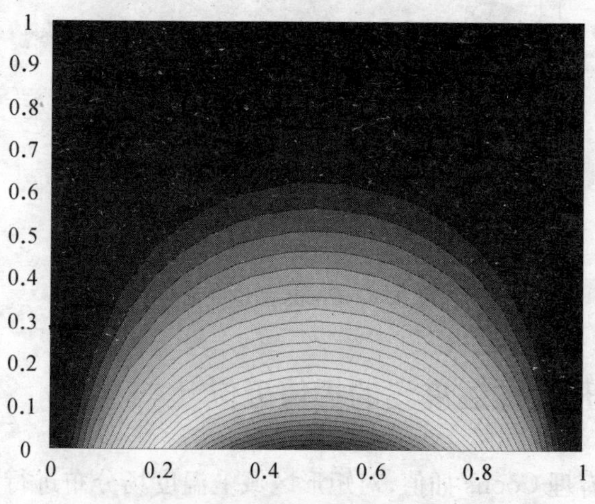

图 3.10 精确温度场的分布

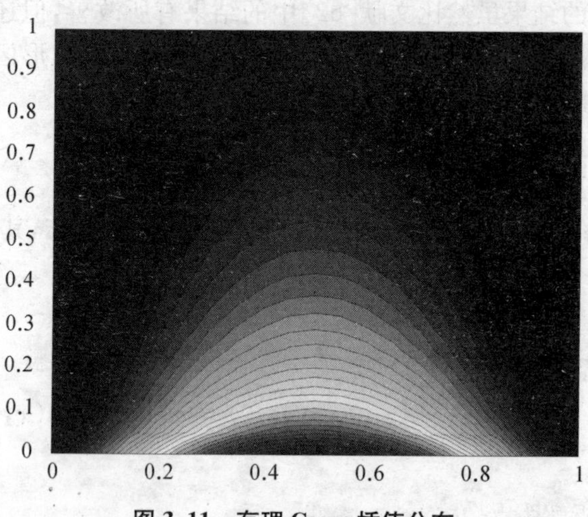

图 3.11 有理 Coons 插值分布

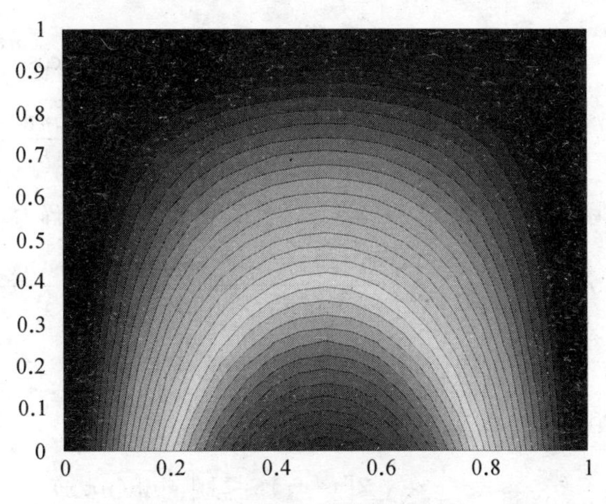

图 3.12　Coons 插值温度分布

采用 16 节点有理插值得到的同一问题温度场近似分布见图 3.13.

从图 3.10～3.13 中可以看出，有理 Coons 插值得到的温度场分布比有理函数插值得到的温度场分布，更接近精确温度场分布. 特别是在区域的下部有理 Coons 插值的近似程度比有理函数插值有了非常明显的改善.

作为对比，Coons 插值得到的温度场分布与精确的温度分布存在明显的差别.

3.7.2　正方形区域上级数表达的稳态温度场

考虑矩形区域 $[0, a; 0, b]$ 上稳态温度分布，其控制方程

$$\nabla^2 u = \frac{\partial^2 u}{\partial x^2} + \frac{\partial^2 u}{\partial y^2} = 0 \tag{3.39}$$

边界条件

$$u(0, y) = 0, \ u(a, y) = Ay, \ u_y(x, 0) = 0, \ u_y(x, b) = 0 \tag{3.40}$$

其解析解为[176]

$$u(x,\ y)=\frac{Abx}{2a}+\sum_{n=1}^{\infty}\frac{2Ab[(-1)^n-1]}{n^2\pi^2}\frac{\sinh\frac{n\pi x}{b}\cos\frac{n\pi y}{b}}{\sinh\frac{an\pi}{b}} \tag{3.41}$$

在实际计算中,取 $a=1,\ b=1,\ A=1$. 则解析解为

$$u(x,\ y)=\frac{x}{2}+\sum_{n=1}^{\infty}\frac{2[(-1)^n-1]}{n^2\pi^2}\frac{\sinh(n\pi x)\cos(n\pi y)}{\sinh(n\pi)} \tag{3.42}$$

由(3.42)式,可得区域边界的温度分布为

$$u(0,\ y)=0,\ u(1,\ y)=y \tag{3.43}$$

$$u(x,\ 0)=\frac{x}{2}+\sum_{n=1}^{\infty}\frac{2[(-1)^n-1]}{n^2\pi^2}\frac{\sinh(n\pi x)}{\sinh(n\pi)} \tag{3.44}$$

$$u(x,\ 1)=\frac{x}{2}+\sum_{n=1}^{\infty}\frac{2[(-1)^n-1]}{n^2\pi^2}\frac{\sinh(n\pi x)\cos(n\pi)}{\sinh(n\pi)} \tag{3.45}$$

由于解析温度场分布为级数形式,在计算时分别取级数前 1 项和前 100 项的和,其解析温度场分布如图 3.13~3.14 所示.

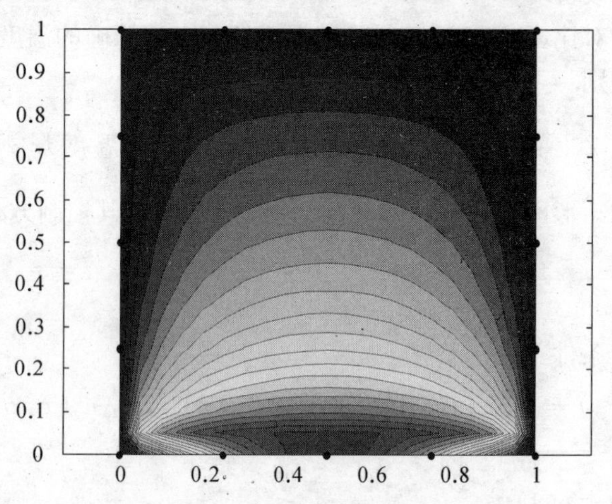

图 3.13　16 节点有理插值温度分布

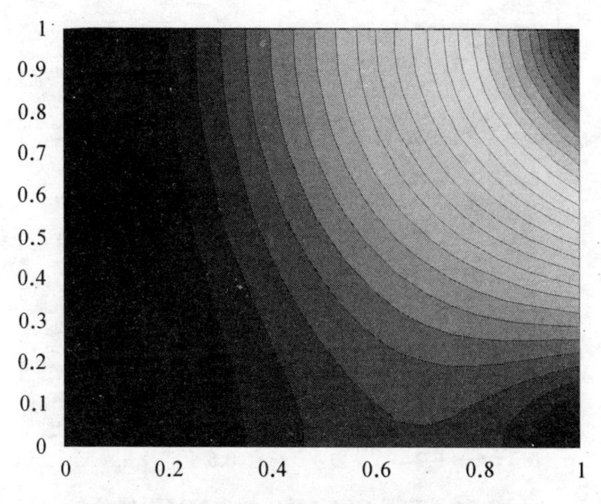

图 3.14　级数前 100 项和解析温度场分布

对于温度场分布分别采用有理 Coons 插值和 Coons 插值，进行插值近似，所得的温度场分布如图 3.15～3.16 所示.

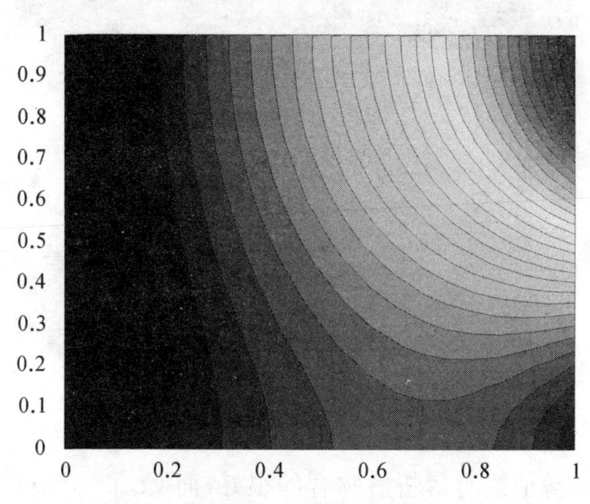

图 3.15　级数前 1 项和解析温度场分布

比较图 3.13～3.16 可以看出，在区域的右上角有理 Coons 插值

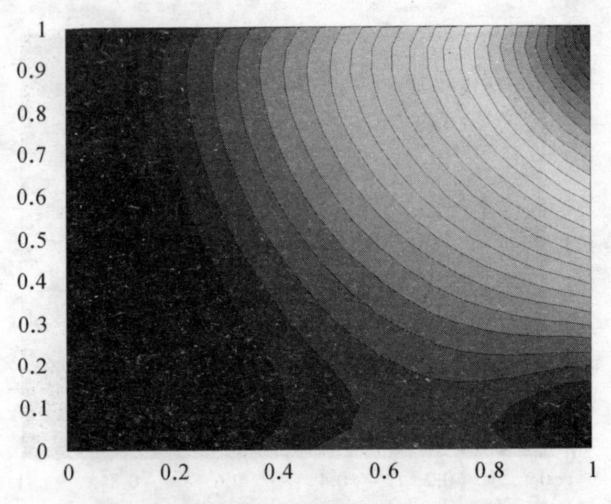

图 3.16 有理 Coons 插值的温度场近似分布

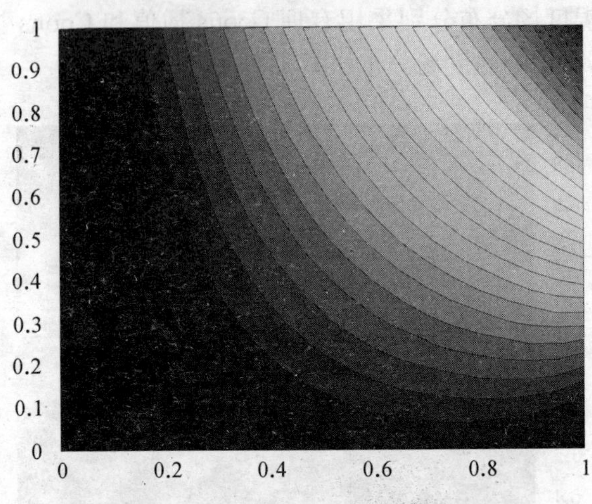

图 3.17 Coons 插值的温度场近似分布

得到的温度等值线与解析解吻合的很好，而 Coons 插值得到的等值线比较平坦，与解析温度场有明显的差别. 在区域的下半部，有理 Coons 插值得到的等值线与解析解十分吻合，Coons 插值得到的等值线与解析温度场有明显的差别. 因此,有理 Coons 插值比 Coons 插值更接近真实的温度场分布.

3.8 本章小结

本章首先采用几何的方法构造出多边形单元上的有理混合函数,证明了多边形有理混合函数的性质,给出了多边形有理混合函数的计算表达式.

利用构造的有理混合函数,给出了多边形上的有理超限插值格式. 进而得到多边形超限插值在单位正方形上的特例——有理 Coons 插值(有理 Coons 曲面片).

给出了有理 Coons 曲面片的两个算例. 算例表明,在复杂曲面的情况下,有理 Coons 插值的插值近似效果优于传统的 Coons 插值.

对于矩形区域上温度场分布,采用有理 Coons 插值近似区域的温度场,所得结果比第 2 章的有理函数插值有了极大地改善. 两个算例表明,在矩形区域温度场插值近似过程中,有理 Coons 插值精度比传统的 Coons 插值有明显的提高.

第四章 多边形单元网格自动生成技术

4.1 引言

有限元法是一种依赖于求解区域网格划分的数值方法,有限元网格生成在有限元法计算中,称为前处理过程.由于在计算过程中,只需考虑一个单元,因此有限元法的优点是程序实现简单、计算效率高等.有限元法的前处理过程在有限元计算中占用大量的计算时间.一个好的有限元网格对提高计算效率和计算精度起着关键的作用.有限元网格生成是工程科学和计算科学相结合的研究领域,随着计算机硬件运算能力的不断提高和计算几何理论的发展,有限元网格生成方法研究已取得许多重要的成果,提出了许多有效的算法并研制了一些成功的工程化软件[98-99].

在实际工程计算中,常用的有限元网格生成方法是 Delaunay 三角化法[104, 105, 179]. Delaunay 三角化(Delaunay Triangulation, DT)是目前最流行的通用全自动网格生成方法之一[99]. Delaunay 三角化有两个重要特性:最大-最小角特性和空外接圆特性.最大-最小角特性使它在二维情况下自动避免生成小内角的长薄单元,因此特别适用于有限元网格生成.空外接圆特性是指 Delaunay 三角化中每一个三角形单元外接圆的内部,都不包含其他的节点,许多的 Delaunay 三角化算法都利用了这一特性.

但是,对于给定的一组节点,Delaunay 三角化生成的网格是不唯一的.例如,对于共圆的四个节点,存在两种 Delaunay 三角化网格,如图 4.1 所示.

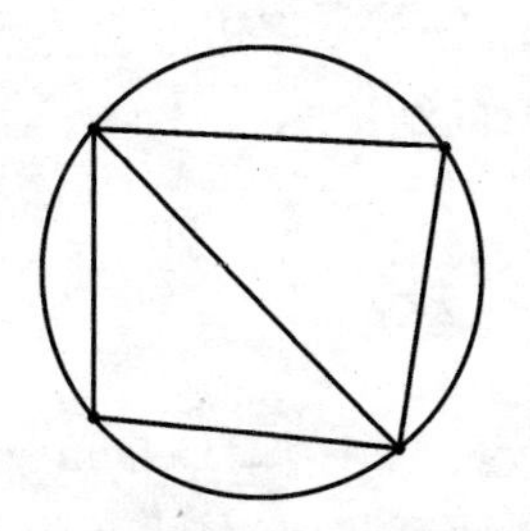

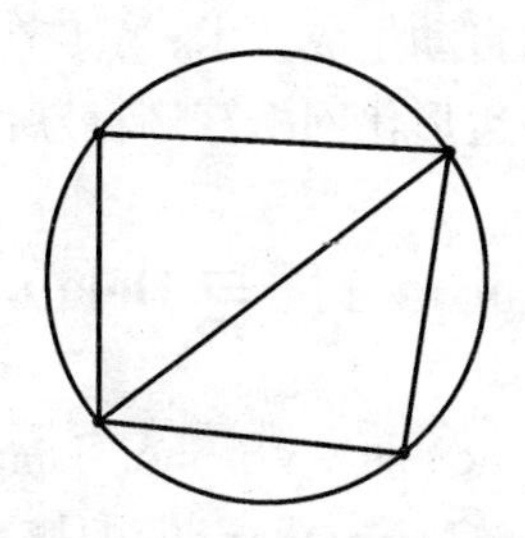

图 4.1　共圆四节点的两种合法 Delaunay 三角化

由于 Delaunay 三角化网格的不唯一性，在数值计算时节点的微小摄动可能造成数值的不稳定[41]. 如图 4.2 所示，四个节点 A, B, C, D 生成的 Delaunay 三角形网格. 当节点 A 位于圆外时，合法的 Delaunay 三角化为$\triangle ABD$、$\triangle BCD$ ，根据三角形单元插值函数的连续性，BD 边上点的值只与节点 B, D 有关. 当节点 A 位于圆内时，合法的 Delaunay 三角化为$\triangle ABC$、$\triangle ACD$，AC 边上点的值只与节点 A、C 有关. 在两种情况下，如果节点 A 逐步靠近圆周，并最终位于圆周上，BD 和 AC 的交点的值如何确定？

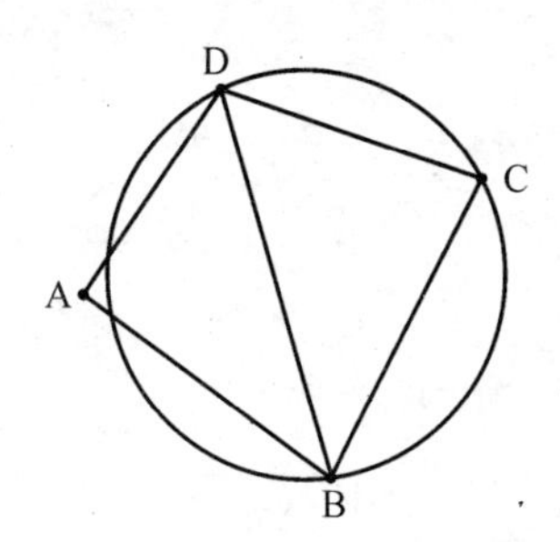

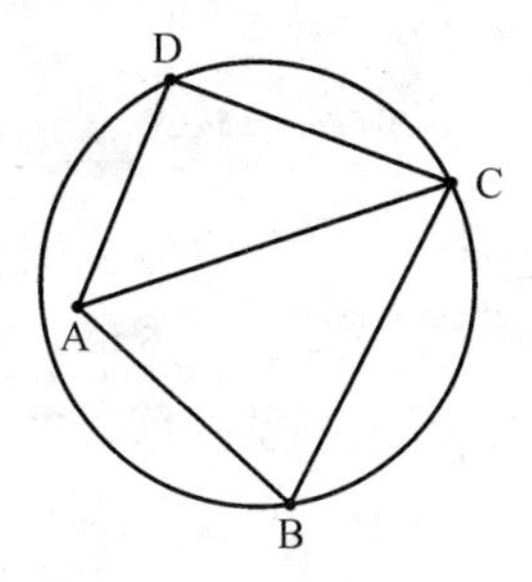

图 4.2　节点 A 分别在圆内和圆外的四节点 Delaunay 三角化

本章采用 Delaunay 多边形化技术，解决 Delaunay 三角化不唯一的问题，进而给出 Delaunay 多边形单元网格的自动生成技术.

本章安排如下，第 2 节介绍 Delaunay 三角化的几何基础——Voronoi 图；第 3 节给出 Delaunay 多边形化的概念和 Delaunay 多边形化网格自动生成技术;第 4 节利用 Delaunay 多边形化技术,给出几个区域多边形化网格算例;最后是本章的结论.

4.2 Voronoi 图与 Delaunay 三角化

Voronoi 图(Voronoi Diagram)及其对偶 Delaunay 三角化(Delaunay Triangulation)的概念来自计算几何,是由一组不规则点定义的最基本的几何结构. Voronoi 图的一般数学定义为[188]:

设 $S=\{\boldsymbol{p}, \boldsymbol{q}, \boldsymbol{r}, \cdots\}$ 为任意 R^d 空间的一组不同节点集合,对于 $\boldsymbol{p}, \boldsymbol{q} \in R^d$,记 $d(\boldsymbol{p}, \boldsymbol{q})$ 为 $\boldsymbol{p}, \boldsymbol{q}$ 两点的欧氏距离,记 $\overline{\boldsymbol{pq}}$ 为 $\boldsymbol{p}, \boldsymbol{q}$ 两点间的线段,集合 A 的闭包记作 $\overline{A}$. 对于任意的 $\boldsymbol{p}, \boldsymbol{q} \in S$

$$B(\boldsymbol{p}, \boldsymbol{q})=\{\boldsymbol{x} \in R^d \mid d(\boldsymbol{x}, \boldsymbol{p})=d(\boldsymbol{x}, \boldsymbol{q})\} \tag{4.1}$$

为 $\overline{\boldsymbol{pq}}$ 的垂直平分(超)平面. $B(\boldsymbol{p}, \boldsymbol{q})$ 将空间分成包含节点 $\boldsymbol{p}$ 的半空间

$$D(\boldsymbol{p}, \boldsymbol{q})=\{\boldsymbol{x} \in R^d \mid d(\boldsymbol{x}, \boldsymbol{p})<d(\boldsymbol{x}, \boldsymbol{q})\} \tag{4.2}$$

和包含节点 $\boldsymbol{q}$ 的半空间

$$D(\boldsymbol{q}, \boldsymbol{p})=\{\boldsymbol{x} \in R^d \mid d(\boldsymbol{x}, \boldsymbol{q})<d(\boldsymbol{x}, \boldsymbol{p})\} \tag{4.3}$$

称 $\bigcap_{q \in S,\, q \neq p} D(\boldsymbol{p}, \boldsymbol{q})$ 为对应于集合 S 的节点 $\boldsymbol{p}$ 的 Voronoi 单胞(Voronoi Cell),记作 $VR(\boldsymbol{p}, S)$.

称 $V(S)$ 为集合 S 的 Voronoi 图,其中

$$V(S)=\bigcup_{p,\, q \in S,\, p \neq q} \overline{VR(\boldsymbol{p}, S)} \cap \overline{VR(\boldsymbol{q}, S)} \tag{4.4}$$

以上定义的为一阶 Voronoi 图,类似地可以定义高阶 Voronoi 图.

在二维空间,由平面域上给定的 n 个离散节点集合 $S=\{\boldsymbol{x}_1, \boldsymbol{x}_2, \ldots, \boldsymbol{x}_n\}$,做任意两节点 $\boldsymbol{x}_i, \boldsymbol{x}_j (i \neq j)$ 的垂直平分线,该垂直平分线将平面域分成两个分别包含节点 $\boldsymbol{x}_i, \boldsymbol{x}_j (i \neq j)$ 半平面,包含节点 $\boldsymbol{x}_i$ 所有半平面的交集构成一个凸多边形区域(封闭的或无界的),即为

对应节点 $\boldsymbol{x}_i$ 的 Voronoi 单胞(又可称为 Voronoi 多边形),如图 4.3 所示. 对应于节点 x_i 的 Voronoi 单胞也可等价定义为:

$$T_i = \{\boldsymbol{x} \in R^2 \mid d(\boldsymbol{x}, \boldsymbol{x}_i) < d(\boldsymbol{x}, \boldsymbol{x}_j), \ \forall i \neq j\} \tag{4.5}$$

通俗地讲,对应于集合 S 的节点 $\boldsymbol{p}$ 的 Voronoi 单胞是由相比其他节点,距离节点 $\boldsymbol{p}$ 最近的点的集合.

两个 Voronoi 单胞的公共边界,称作 Voronoi 边. Voronoi 边的端点,称作 Voronoi 顶点. Voronoi 顶点是三个或三个以上 Voronoi 单胞的公共边界.

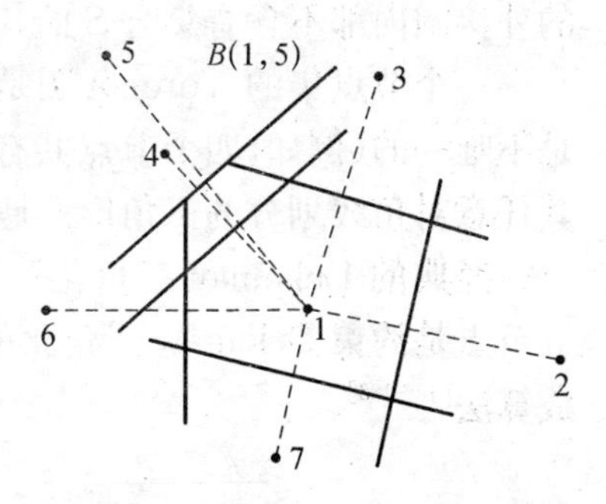

图 4.3 节点 1 的 Voronoi 单胞

由集合 S 的所有 Voronoi 边构成的图形,称作 Voronoi 图. 参见图 4.4.

将具有共同边界的 Voronoi 单胞对应的节点连接所得到的三角形,称作 Delaunay 三角形. 所得到的三角形网格称为 Delaunay 镶嵌(三角化)(Delaunay Tessellation or Triangulation). Delaunay 三角化是 Voronoi 图的对偶,其含义是,两个节点具有一条 Delaunay 边当且仅当这两个节点的 Voronoi 单胞具有共同 Voronoi 边,参见图 4.5.

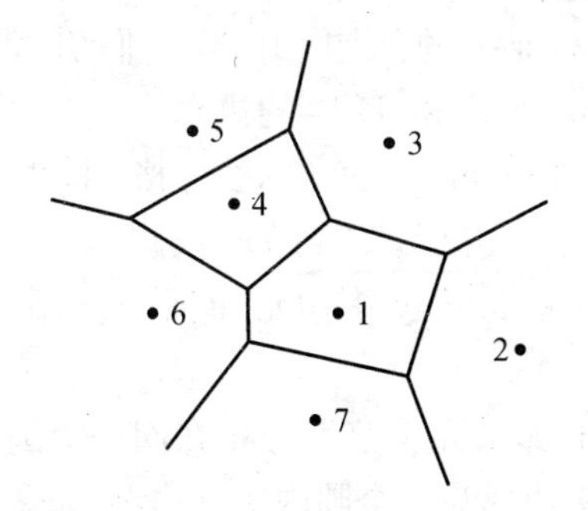

图 4.4 七个节点的 Voronoi 图

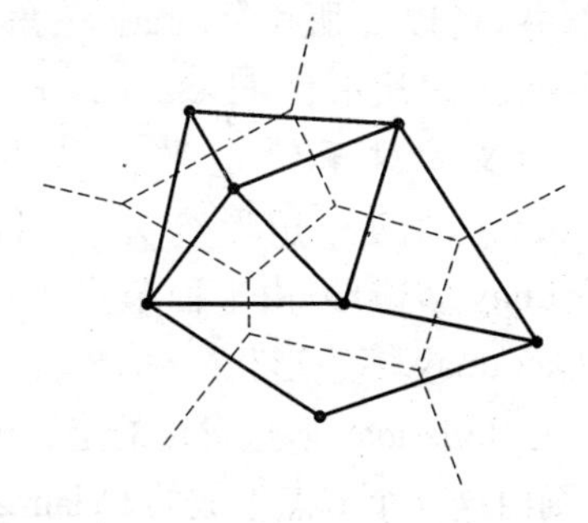

图 4.5 七节点的 Delaunay 三角化网格

Delaunay 三角化有两个重要的性质，其在 Delaunay 三角化中具有重要的作用.（1）最大最小角性质：在给定节点所有可能生成的三角形中，Delaunay 三角形最大化最小角；（2）空外接圆性质：若 DT($\boldsymbol{p}$, $\boldsymbol{q}$, $\boldsymbol{r}$) 是节点集合 S 的一个 Delaunay 三角形，则 DT($\boldsymbol{p}$, $\boldsymbol{q}$, $\boldsymbol{r}$) 的外接圆内部不含有集合 S 的其他点.

一个节点集的 Voronoi 图是唯一的，但是其对偶 Delaunay 镶嵌是不唯一的（例如，四个节点共有一个 Delaunay 圆形成一个四边形，其任意对角线划分的三角形都是合法的 Delaunay 三角形）.

经典的 Delaunay 三角化算法已经相当成熟[181-183]，近年来的研究重点是约束 Delaunay 三角化的边界恢复算法[184-186]和曲面网格生成算法[187-188].

4.3 Delaunay 多边形化网格自动生成技术

从数值计算的角度看，最优的区域三角形网格划分应满足：三角形单元尽可能充满其外接圆. 因此，正三角形单元应该是区域划分的最优单元. 但是，对于任意给定的节点分布，Delaunay 三角化并不能生成正三角形单元. 对于顶点共 Delaunay 圆的两个 Delaunay 三角形，将其合并为一个四边形单元，则这个四边形单元充满外接圆的效果比单独的两个三角形要好得多. 同时，将顶点共 Delaunay 圆的三角形合并，可以克服 Delaunay 三角化不唯一的问题. 由此，我们引入 Delaunay 多边形化（Delaunay Polygonization，DP）的概念.

定义： 对于给定平面节点的 Delaunay 三角化网格，将共 Delaunay 圆的三角形合并为圆内接多边形，得到的多边形称作 Delaunay 多边形. 由平面节点生成的 Delaunay 多边形单元网格，称作 Delaunay 多边形化.

由 Delaunay 多边形化的定义可知，如果 n 个节点分布在同一个圆上，则由这 n 个节点生成的 Delaunay 多边形为一个圆内接 n 边形. 如图 4.6 所示的 6 节点共圆的 Delaunay 三角化和 Delaunay 多边形化网格.

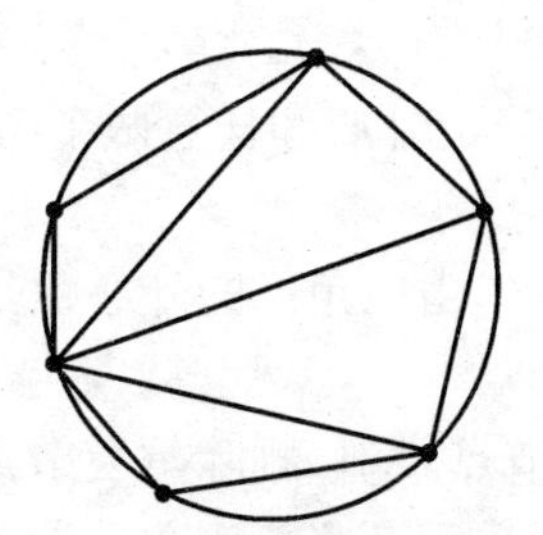
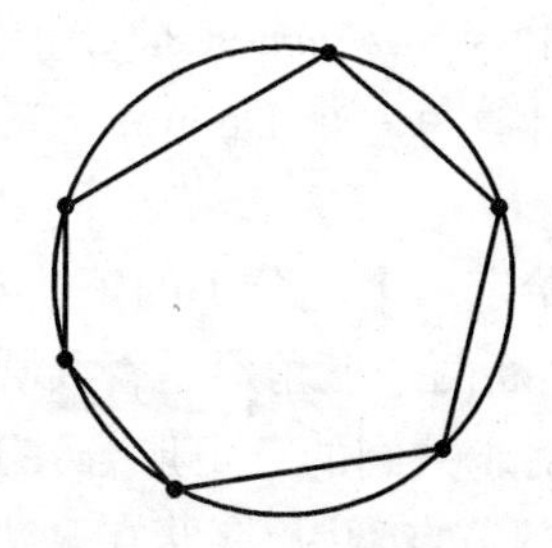

图 4.6　平面共圆 6 节点的 Delaunay 三角化网格和 Delaunay 多边形化网格

利用 Delaunay 多边形化技术，可以在 Delaunay 三角化的基础上自动生成多边形单元网格. 应当注意到，在有些情况下，Delaunay 三角化网格和 Delaunay 多边形化网格是相同的. 但是，对于一些特殊的节点分布，两者有明显的区别. 同时，对于一些均匀分布的节点，利用 Delaunay 多边形化可以自动生成矩形网格.

在区域的 Delaunay 多边形化过程中，关键是如何判断两个或多个 Delaunay 三角形是否共圆. 我们可以采用判断两个三角形的外接圆圆心是否重合的方法，判断两个或多个 Delaunay 三角形是否共圆. 考虑到计算机的计算误差，在实际编程计算过程中，给定一个充分小的正数 $\delta>0$（δ 至少要小于所给节点中任意两个节点距离的最小值），如果两个三角形的外心距小于 δ，则认为两个三角形共 Delaunay 圆.

本章的网格自动生成程序采用 MATLAB 语言编写[189-190]. 在程序编写中，充分利用 MATLAB 已有的功能命令，以简化程序的编写. 节点的 Delaunay 三角化利用[*Delaunay*]命令，给出 Delaunay 三角化的单元节点索引矩阵. 考虑到生成的 Delaunay 多边形单元节点数不完全一致，对多边形单元的节点编号采用 MATLAB 的单元（Cell）数组存储. Delaunay 多边形单元的节点均按逆时针排列.

完整的 Delaunay 多边形化网格自动生成过程如下：

（1）输入节点坐标矩阵 x，y；

（2）由 tri=*delaunay*(x, y)生成 Delaunay 三角化单元节点索引矩阵；

（3）计算每一个 Delaunay 三角形的外心和任意两个三角形的外心距；

（4）给定一个充分小的正数 $\delta>0$，由三角形的外心距是否小于 δ 为标准，判断两个三角形是否共圆；

（5）对于共圆的三角形合并其节点索引，删除重复节点，得到多边形单元的节点索引，存储在多边形单元节点索引单元数组中；对于不与其他三角形共圆的三角形，直接将三角形节点索引存储到多边形单元节点索引单元数组中；

（6）对每一个多边形节点索引，按逆时针方向排列，得到最终的多边形单元节点索引；

（7）由多边形单元索引和节点坐标绘制区域的 Delaunay 多边形化网格.

在对凸区域进行 Delaunay 多边形化的过程中，应当注意，凸区域边界上的关键点（区域凸壳的顶点）应当布置节点，以保证 Delaunay 多边形化网格能够覆盖整个区域.

对于凹区域，应当采用约束 Delaunay 三角化法，确保不生成一些落在区域外部的三角形单元.

4.4 多边形单元网格自动生成算例

本节利用 Delaunay 多边形化技术，对一些工程中常见的区域进行 Delaunay 多边形网格划分.

4.4.1 含有孔洞的无限大板

考虑含有圆形孔洞的无限大板，孔洞的半径为 1 个单位，以孔洞圆心为中心取边长为 20 个单位的正方形. 由对称性取正方形得四分之一进行网格划分，如图 4.7 所示.

在区域上布置 207 个节点，节点分布如图 4.8 所示.

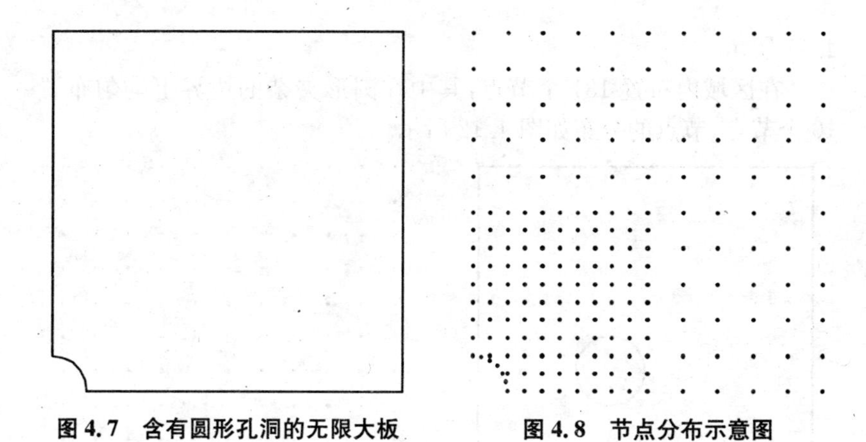

图 4.7 含有圆形孔洞的无限大板　　　图 4.8 节点分布示意图

Delaunay 三角化生成 365 个三角形单元,Delaunay 三角化网格如图 4.9 所示.

Delaunay 多边形化生成 201 个单元,其中三角形单元 42 个,四边形单元 159 个,Delaunay 多边形化网格如图 4.10 所示.本算例生成的 Delaunay 多边形单元为矩形单元,在网格过渡部分自动采用三角形单元进行过渡.

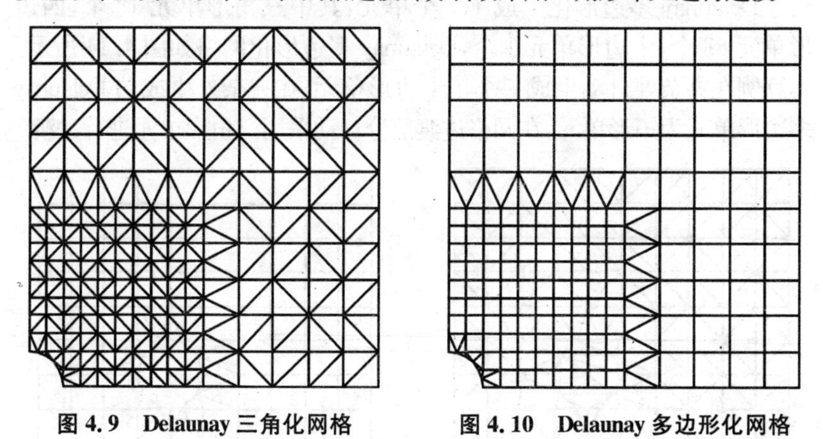

图 4.9 Delaunay 三角化网格　　　图 4.10 Delaunay 多边形化网格

4.4.2 方板中含有圆形夹杂

考虑一个含有圆形夹杂的方板,边长为 1,夹杂半径为 0.1,如图

4.11 所示.

在区域内布置 131 个节点,其中在圆形夹杂的边界上均匀布置 10 个节点,节点的分布如图 4.12 所示.

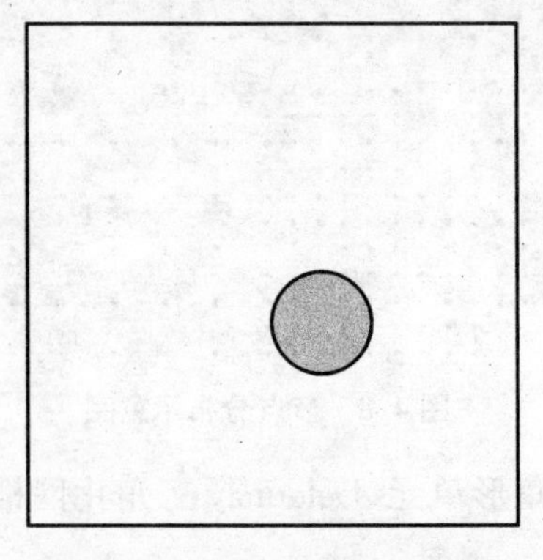

图 4.11　含有圆形夹杂的方板

图 4.12　节点分布示意图

Delaunay 三角化生成 214 个三角形单元,Delaunay 三角化网格如图 4.13 所示.其中在夹杂上生成 9 个三角形单元.

Delaunay 多边形化生成 117 个单元,其中三角形单元 18 个,四边形单元 88 个,十边形单元 1 个,Delaunay 多边形化网格如图 4.14 所示.本算例在夹杂处自动生成一个正十边形单元,在夹杂外生成的 Delaunay 多边形单元为矩形单元,在网格过渡部分自动采用三角形单元进行过渡.

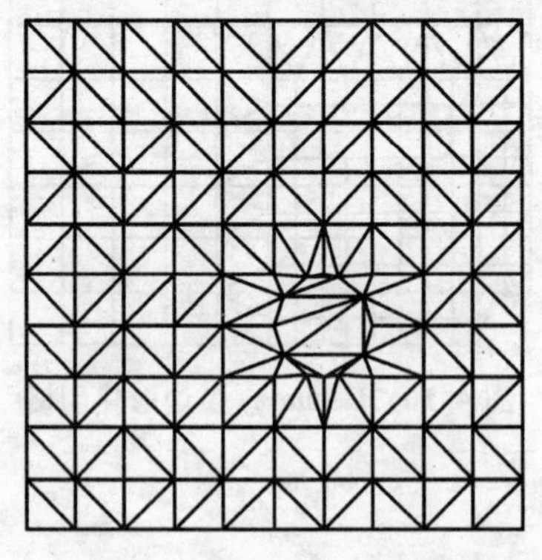

图 4.13　Delaunay 三角化网格

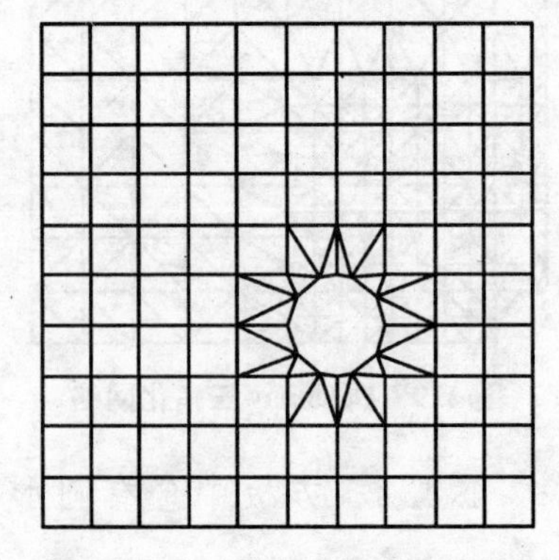

图 4.14　Delaunay 多边形化网格

4.4.3 扇形区域

考虑一个半径为 1 的四分之一圆扇形，如图 4.15 所示.

在区域内布置 91 个节点，节点的分布如图 4.16 所示.

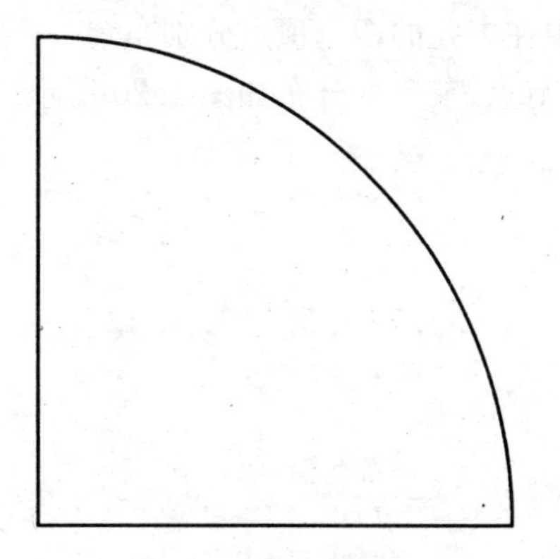

图 4.15 扇形区域

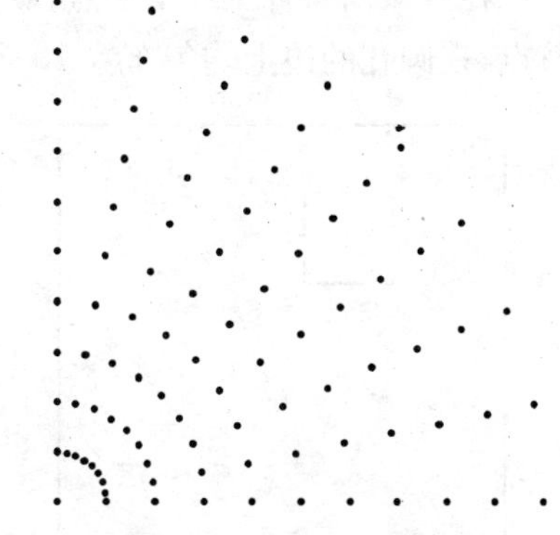

图 4.16 节点分布示意图

Delaunay 三角化生成 152 个三角形单元，Delaunay 三角化网格如图 4.17 所示.

Delaunay 多边形化生成 80 个单元，其中三角形单元 8 个，四边形单元 72 个，Delaunay 多边形化网格如图 4.18 所示.

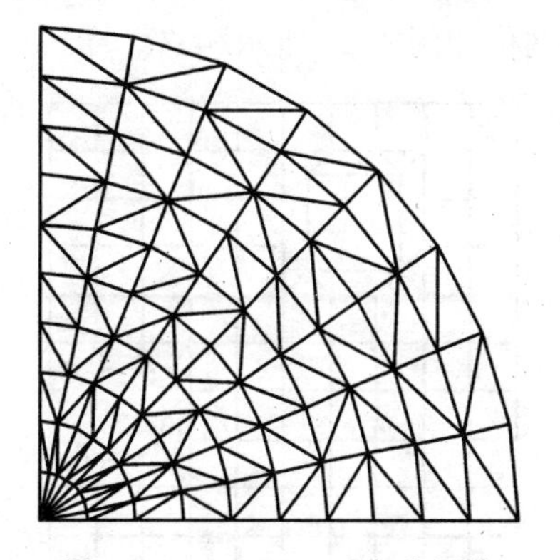

图 4.17 Delaunay 三角化网格

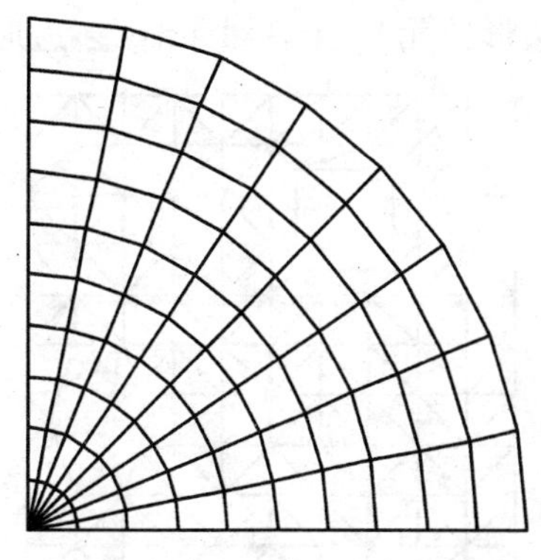

图 4.18 Delaunay 多边形化网格

4.4.4 含有方孔和圆孔的方板

考虑一个含有正方形孔和圆孔的方形板，板的边长为1个单位，方孔的边长为0.2个单位，圆孔的半径为0.1个单位，如图4.19所示.

在区域内布置129个节点，其中在方孔的四个顶点分别布置一个节点，在圆孔的边上均匀布置10个节点，节点的分布如图4.20所示.

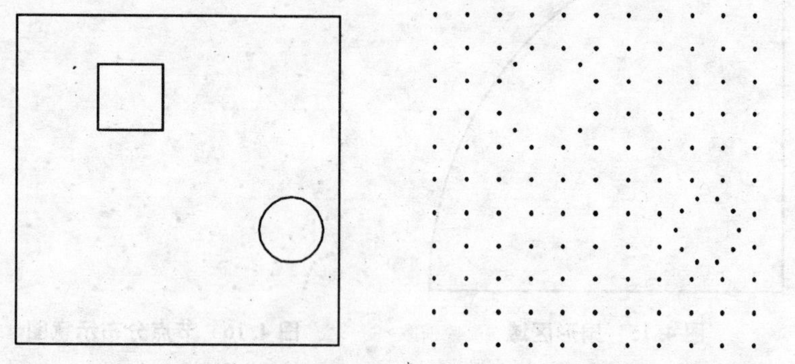

图4.19 含有方孔和圆孔的方板　　图4.20 节点分布示意图

Delaunay三角化生成202个三角形单元，Delaunay三角化网格如图4.21所示.

Delaunay多边形化生成114个单元，其中三角形单元27个，四边形单元87个，Delaunay多边形化网格如图4.22所示.

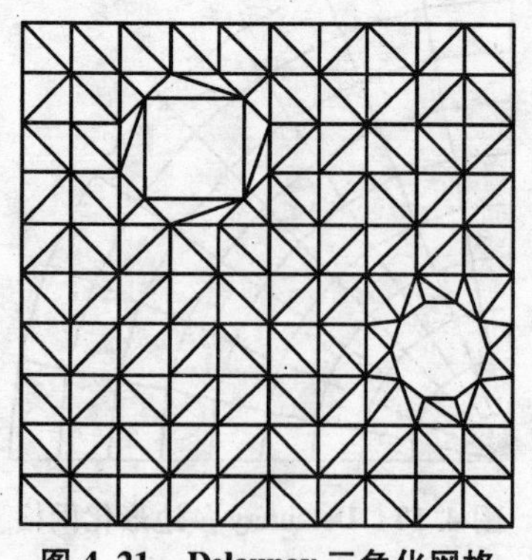

图4.21 Delaunay三角化网格

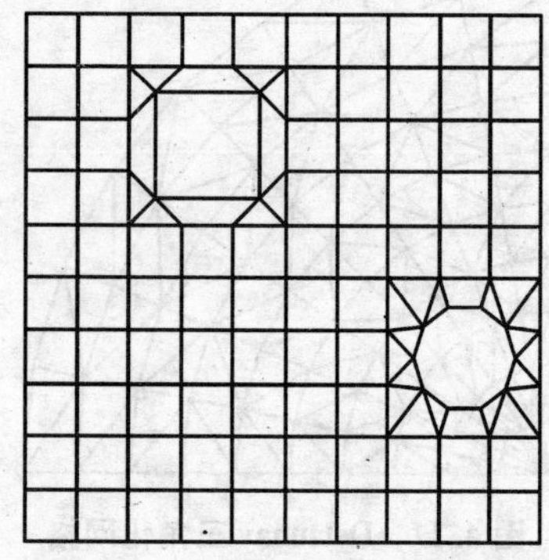

图4.22 Delaunay多边形化网格

4.4.5 圆形区域

考虑一个圆形区域,半径为 1 个单位,如图 4.23 所示.在区域内布置 160 个节点,节点的分布如图 4.24 所示.

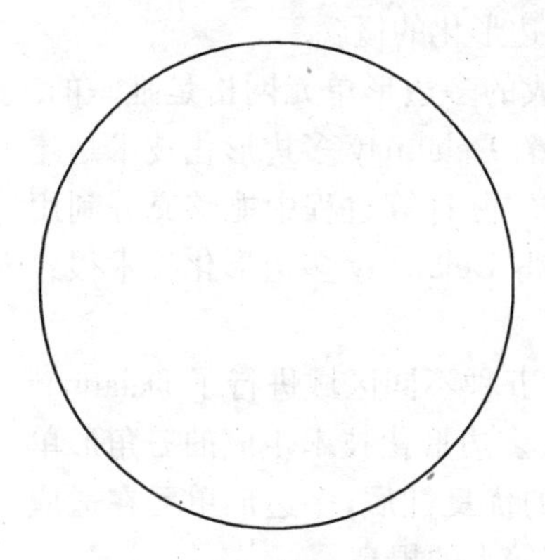

图 4.23 圆形区域

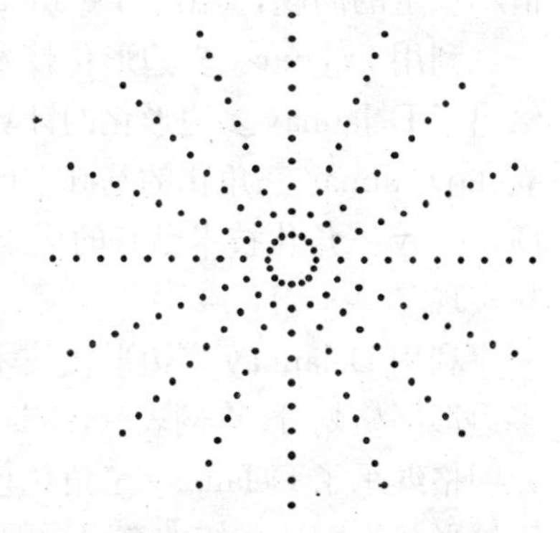

图 4.24 节点分布示意图

Delaunay 三角化生成 302 个三角形单元,Delaunay 三角化网格如图 4.25 所示.

Delaunay 多边形化生成 145 个单元,其中四边形 144 个,十六边形单元 1 个,Delaunay 多边形化网格如图 4.26 所示.

图 4.25 Delaunay 三角化网格

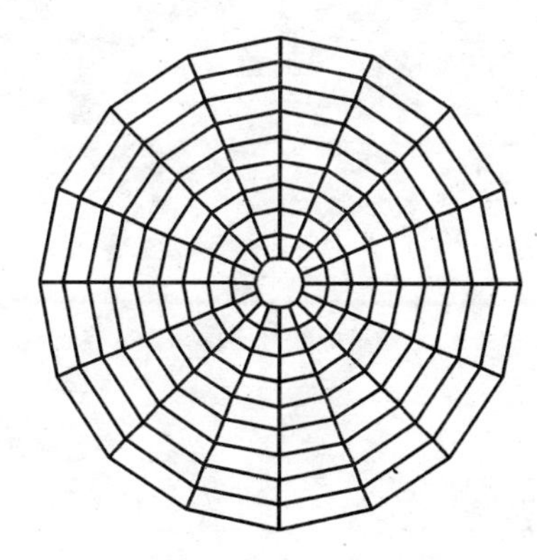

图 4.26 Delaunay 多边形化网格

4.5 本章小结

本章为解决 Delaunay 三角化不唯一，在计算过程中可能产生数值不稳定的问题，提出了 Delaunay 多边形化的概念.

利用 Delaunay 多边形化技术生成的多边形单元网格是唯一的.给出了 Delaunay 多边形化的计算步骤. Delaunay 多边形化技术是建立在 Delaunay 三角化的基础上的，在实际计算过程中能够充分利用 Delaunay 三角化技术已有的成果，使得 Delaunay 多边形化技术很容易实现.

利用 Delaunay 多边形化技术，对五种不同区域进行了 Delaunay 多边形网格划分.算例表明，Delaunay 多边形化技术生成的三角形单元网格继承了 Delaunay 三角化单元的优良性质，多边形单元在适应区域形状方面比传统的有限元网格有较大的提高.

第五章　求解势问题的有理单元法

5.1　引言

在工程技术实践中，许多研究对象可以归结为势问题，例如电磁场、温度场和重力场等. 势问题的研究可以归结为求解椭圆形偏微分方程，许多问题最终可以简化为 Poisson 方程或 Laplace 方程[191]. 除少数情况外，一般很难得到偏微分方程的解析解. 因此工程中广泛采用数值方法求解偏微分方程. 求解微分方程的数值方法主要有有限元法、有限差分法[192]等. 特别是有限元方法在工程实际中得到广泛的应用，并有许多商业软件可以利用.

有限元法采用对求解区域的离散，在每一个子区域上逼近真实解；有限元法依赖于对求解区域剖分的网格，其优点是形成的刚度矩阵带状对称、运算速度快、方便施加边界条件等. 传统的有限元网格采用三角形或四边形剖分，三角形网格区域适应性好但计算精度差，四边形网格虽然精度高，但是对复杂的几何区域的适应性差. 采用多边形单元划分求解区域，可以方便灵活地处理复杂几何区域，使得对问题的求解更加方便有效.

本章以温度场分布为例，利用第二章构造的多边形有理函数插值，采用加权残数法推导求解二维势问题的数值方法——有理单元法.

本章安排如下，第二节简要介绍热传导问题的基本方程；第 3 节介绍加权残数法；第 4 节推导求解势问题的有理单元法；第 5 节讨论数值积分方案；第 6 节为数值算例和误差分析；最后是本章的结论.

5.2 热传导问题的基本方程[191]

根据热传导理论,正交各向异性固体中导热的微分方程为

$$\frac{\partial}{\partial x}\left(k_x \frac{\partial T}{\partial x}\right)+\frac{\partial}{\partial y}\left(k_y \frac{\partial T}{\partial y}\right)+\frac{\partial}{\partial z}\left(k_z \frac{\partial T}{\partial z}\right)+q_v=\rho c_p \frac{\partial T}{\partial t} \quad (5.1)$$

式中 T 为物体的瞬态温度,t 为过程进行的时间,k_x, k_y, k_z 为材料三个主轴方向的导热系数,ρ 为材料的密度,c_p 为材料的定压比热,q_v 为材料的内热源强度.这里假设材料的导热系数、密度和定压比热为常数,即与温度和时间无关.

假设物体的材料是各向同性的,即 $k_x=k_y=k_z=k$,方程(5.1)化为

$$k\left(\frac{\partial^2 T}{\partial x^2}+\frac{\partial^2 T}{\partial y^2}+\frac{\partial^2 T}{\partial z^2}\right)+q_v=\rho c_p \frac{\partial T}{\partial t} \quad (5.2)$$

或

$$\nabla^2 T+\frac{q_v}{k}=\frac{1}{\alpha_T}\frac{\partial T}{\partial t} \quad (5.3)$$

式中 $\alpha_T=\dfrac{k}{\rho c_p}$ 称为导温系数,∇^2 为 Laplace 算子

$$\nabla^2=\frac{\partial^2}{\partial x^2}+\frac{\partial^2}{\partial y^2}+\frac{\partial^2}{\partial z^2} \quad (5.4)$$

假设在物体中没有热源,则方程(5.3)化为 Fourier 方程

$$\nabla^2 T=\frac{1}{\alpha_T}\frac{\partial T}{\partial t} \quad (5.5)$$

假设物体处于稳态温度场,则方程(5.3)可化为 Poisson 方程

$$\nabla^2 T + \frac{q_v}{k} = 0 \tag{5.6}$$

在没有热源和处于稳态温度场时,方程(5.3)化为 Laplace 方程

$$\nabla^2 T = 0 \tag{5.7}$$

为了得到固体导热方程的唯一解,必须附加适当的边界条件和初始条件,边界条件有三类:

(1) 第一类边界条件是指物体边界上的温度函数为已知.用公式表示为

$$T_{\Gamma_1} = T_w \tag{5.8}$$

或

$$T_{\Gamma_1} = f(x, y, z, t) \tag{5.9}$$

式中 Γ_1 为物体第一类边界条件的边界,T_w 为已知的边界温度(常数),$f(x, y, z, t)$为已知的边界温度函数(随时间和位置而变).

(2) 第二类边界条件是指物体边界上的热流密度 q 为已知,由于 q 的方向就是边界面外法线 n 的方向,用公式表示为

$$-\left.\frac{\partial T}{\partial n}\right|_{\Gamma_2} = q_2 \tag{5.10}$$

或

$$-\left.\frac{\partial T}{\partial n}\right|_{\Gamma_2} = g(x, y, z, t) \tag{5.11}$$

式中 Γ_2 为第二类边界条件的边界,q_2 为已知的热流密度,$g(x, y, z, t)$为已知的热流密度函数(随时间和位置而变).

(3) 第三类边界条件是指物体边界上对流或辐射换热条件为已知.

对于对流换热条件,用公式表示为

$$-k\frac{\partial T}{\partial n}\bigg|_{\Gamma_3} = h(T-T_f)\,|_{\Gamma_3} \tag{5.12}$$

式中 Γ_3 为物体第三类边界条件的边界，T_f 是与物体接触的流体介质的温度，h 为换热系数.

对于辐射换热条件，用公式表示为

$$-k\frac{\partial T}{\partial n}\bigg|_{\Gamma_3} = \varepsilon f\sigma_0(T^4-T_r^4)\,|_{\Gamma_3} \tag{5.13}$$

式中 $\varepsilon=\varepsilon_1\varepsilon_2$，是两个相互辐射物体的黑度系数乘积，$f$ 是与两辐射物体形状有关的平均角系数(形状因子)，σ_0 是 Stefan-Bolzman 常数，T_r 是辐射源的温度.

5.3 加权残数法[191]

加权残数法(Weighted Residual Method)是求解线性和非线性微分方程近似解的一种有效方法，也是一种通用的数值计算方法.

5.3.1 微分方程的弱形式

科学和工程的许多问题可以归结为在一定边界条件和初始条件下求解微分方程(组). 微分方程可以是常微分方程或偏微分方程，可以是线性的或非线性的. 在数学上，一般把微分方程的形式称为强形式(Strong Form). 在数值求解微分方程时，一般把微分方程和边界条件转换成变分形式(Variational Form)或称为弱形式(Weak Form).

下面以稳态热传导方程为例，说明微分方程的弱形式. 稳态热传导方程和边界条件为

$$k\nabla^2 T+q_V=0 \qquad \text{在域}\,V\,\text{内} \tag{5.14}$$

$$T-\overline{T}=0 \qquad \text{在边界}\,\Gamma_1\,\text{上} \tag{5.15}$$

$$q-\bar{q}=0 \qquad \text{在边界 } \Gamma_2 \text{ 上} \tag{5.16}$$

式中 $\bar{T}$ 为边界 Γ_1 上的已知温度，$\bar{q}$ 为边界 Γ_2 上的已知热流，$q=\dfrac{\partial T}{\partial n}$，$n$ 是边界的外法线方向.

由于微分方程(5.14)在域内的每一点都要满足，因此对于任意函数 W 都有

$$\int_V (k\nabla^2 T+q_V)W\mathrm{d}V=0 \tag{5.17}$$

同理，若边界条件(5.15)和(5.16)在各自边界上的每一点都得到满足，则对于任意函数 W_1，W_2 有

$$\int_{\Gamma_1}(T-\bar{T})W_1\mathrm{d}\Gamma=0 \tag{5.18}$$

$$\int_{\Gamma_2}(q-\bar{q})W_2\mathrm{d}\Gamma=0 \tag{5.19}$$

综合(5.17)～(5.19)式，可得

$$\int_V (k\nabla^2 T+q_V)W\mathrm{d}V+\int_{\Gamma_1}(T-\bar{T})W_1\mathrm{d}\Gamma+\int_{\Gamma_2}(q-\bar{q})W_2\mathrm{d}\Gamma=0 \tag{5.20}$$

$$\int_V (k\nabla^2 T+q_V)W\mathrm{d}V+\int_{\Gamma_1}(T-\bar{T})W_1\mathrm{d}\Gamma=0 \tag{5.21}$$

$$\int_V (k\nabla^2 T+q_V)W\mathrm{d}V+\int_{\Gamma_2}(q-\bar{q})W_2\mathrm{d}\Gamma=0 \tag{5.22}$$

(5.20)～(5.22)式称为微分方程(5.14)～(5.16)的等效积分形式或弱形式. 其中(5.20)、(5.21)和(5.22)式是全部边界条件或部分边界条件预先满足情况下的弱形式.

由 Green 公式[195]

$$\int_{\Omega} v \nabla^2 u \mathrm{d}\Omega = -\int_{\Omega} \nabla u \cdot \nabla v \mathrm{d}\Omega + \int_{\Gamma} v \frac{\partial u}{\partial n} \mathrm{d}\Gamma \tag{5.23}$$

$$\int_{\Omega} (u \nabla^2 v - v \nabla^2 u) \mathrm{d}\Omega = \int_{\Gamma} u \left(v \frac{\partial v}{\partial n} - v \frac{\partial u}{\partial n} \right) \mathrm{d}\Gamma \tag{5.24}$$

(5.20)式可以化为

$$\int_{V} (\nabla W) k (\nabla T) \mathrm{d}V - \int_{V} q_V W dV - \int_{\Gamma_1} (T - \overline{T}) W_1 \mathrm{d}\Gamma - \int_{\Gamma_2} (q - \overline{q}) W_2 \mathrm{d}\Gamma - \int_{\Gamma_1 + \Gamma_2} q W \mathrm{d}\Gamma = 0 \tag{5.25}$$

式中

$$\nabla = \frac{\partial}{\partial x} + \frac{\partial}{\partial y} + \frac{\partial}{\partial z} \tag{5.26}$$

若 $W = W_1 = W_2$，则(5.23)式可以化为

$$\int_{V} (\nabla W) k (\nabla T) \mathrm{d}V - \int_{V} q_V W \mathrm{d}V - \int_{\Gamma_1} (T - \overline{T}) W \mathrm{d}\Gamma - \int_{\Gamma_2} \overline{q} W \mathrm{d}\Gamma - \int_{\Gamma_1} q W \mathrm{d}\Gamma = 0 \tag{5.27}$$

从(5.25)式可以看出，场函数 T 从二阶偏导数降为一阶偏导数，而任意函数 W 则从零阶导数(即函数本身)变为一阶偏导数的形式出现. 也就是说，对场函数 T 的连续性要求降低了阶数，这种降低是以提高对函数 W 的连续性条件为代价的. 由于原来对函数 W 的连续性并无要求，所以适当提高对他们的连续性要求是可以做到的，因为他们是可以选择的已知函数. 这种降低场函数连续性要求的做法在近似计算中是十分重要的. 从形式上看，积分形式对场函数 T 的连续性要求降低了，但对实际工程问题常常较原来的微分方程更逼近真实性，因为原来的微分方程往往对解提出过分光滑的要求.

5.3.2 加权残数法

加权残数法是基于微分方程弱形式的一种求解微分方程的数值

方法. 在求解域中,若场函数是精确的,则在域内每一点都满足微分方程,在边界上满足边界条件. 因此其对应的弱形式必将得到严格满足. 但是对于复杂的实际问题,精确解很难找到. 数值计算是寻求一个满足一定精度的近似解.

在数值计算时,首先假设一组试函数(Trial Function)作为微分方程的近似解. 试函数中含有待定参数,由求解离散方程确定. 将这组试函数代入微分方程和边界条件,一般不能满足微分方程和边界条件,这就出现了残差. 加权残数法的基本思想是: 在一定的域内引入权函数,按加权平均的意义将残差消除,得到消去残差的方程组. 消去残差方程组是线性或非线性的代数方程组,未知量是试函数中的待定参数,求解代数方程组得到待定参数. 试函数中的待定参数确定后,就得到求解问题的近似解.

假设一个试函数

$$T^h = \sum_{i=1}^{n} \phi_i C_i \tag{5.28}$$

这里,C_i 为待定参数,ϕ_i 为形函数.

将(5.28)式代入(5.14)~(5.16)式后,一般不能精确满足,于是出现内部残差 R_I 和边界残差 R_{B1}, R_{B2}:

$$R_I = k\nabla^2 T^h + q_V \neq 0 \quad \text{在域 } V \text{ 内} \tag{5.29}$$

$$R_{B1} = T^h - \overline{T} \neq 0 \quad \text{在边界 } \Gamma_1 \text{ 上} \tag{5.30}$$

$$R_{B2} = q^h - \bar{q} \neq 0 \quad \text{在边界 } \Gamma_2 \text{ 上} \tag{5.31}$$

为消去残差,选择内部权函数 W 和边界权函数 W_1, W_2 分别与 R_{I} 和 R_{B1}, R_{B2} 相乘,得到消去内部残差和边界残差的方程

$$\int_V R_I W \mathrm{d}V = 0 \tag{5.32}$$

$$\int_{\Gamma_1} R_{B1} W_1 \mathrm{d}\Gamma = 0, \int_{\Gamma_2} R_{B2} W_2 \mathrm{d}\Gamma = 0 \tag{5.33}$$

由(5.32)~(5.33)可以得到不同的消去残差方程组

$$\int_V R_I W \mathrm{d}V + \int_{\Gamma_1} R_{B1} W_1 \mathrm{d}\Gamma + \int_{\Gamma_2} R_{B2} W_2 \mathrm{d}\Gamma = 0 \tag{5.34}$$

$$\int_V R_I W \mathrm{d}V + \int_{\Gamma_1} R_{B1} W_1 \mathrm{d}\Gamma = 0 \tag{5.35}$$

$$\int_V R_I W \mathrm{d}V + \int_{\Gamma_2} R_{B2} W_2 \mathrm{d}\Gamma = 0 \tag{5.36}$$

在具体计算过程中,根据假设试函数所能满足的条件,选取具体的消去残差方程.

从加权残数法的求解过程可以看出,除了试函数外,权函数 W 的选取也是一个重要因素. 常用的权函数选取方法主要有:

(1) 最小二乘法(Least Square Method)

在最小二乘法中,权函数取为 $W_i = \dfrac{\partial R}{\partial C_i}$.

(2) 配点法(Collected Method)

配点法是以 δ 函数作为权函数.

(3) Galerkin 法

Galerkin 法是以试函数的形函数作为权函数.

5.4 求解势问题的有理单元法

下面以热传导问题为例,推导直角坐标系下求解势问题的有理单元法(Rational Element Method, REM). 该方法的命名来源于假设试函数采用有理函数插值的形式.

对于平面区域 Ω 上的稳态温度场,其控制 Poisson 方程和边界条件为

$$\frac{\partial^2 T}{\partial x^2} + \frac{\partial^2 T}{\partial y^2} + g(x, y) = 0 \quad 在域\,\Omega\,内. \tag{5.37}$$

$$T - \overline{T} = 0 \qquad \text{在边界} \varGamma_1 \text{上} \tag{5.38}$$

$$q - \overline{q} = 0 \qquad \text{在边界} \varGamma_2 \text{上} \tag{5.39}$$

其中，$\varGamma = \partial\varOmega = \varGamma_1 \cup \varGamma_2$ 为区域的边界，并且 $\varGamma_1 \cap \varGamma_2 = \varnothing$.

由 Galerkin 法，Poisson 方程及其相应边界条件的加权残数积分，得

$$\int_{\varOmega} W\left(\frac{\partial^2 T}{\partial x^2} + \frac{\partial^2 T}{\partial y^2} + g(x, y)\right)\mathrm{d}\varOmega - \int_{\varGamma_1} W \frac{\partial T}{\partial n}\mathrm{d}\varGamma = 0 \tag{5.40}$$

应用 Green 公式，可得

$$\int_{\varOmega} W\left(\frac{\partial^2 T}{\partial x^2} + \frac{\partial^2 T}{\partial y^2}\right)\mathrm{d}\varOmega = -\int_{\varOmega}\left(\frac{\partial W}{\partial x}\frac{\partial T}{\partial x} + \frac{\partial W}{\partial y}\frac{\partial T}{\partial y}\right)\mathrm{d}\varOmega + \oint_{\varGamma} W \frac{\partial T}{\partial n}\mathrm{d}\varGamma = 0 \tag{5.41}$$

得到微分方程的弱形式

$$\int_{\varOmega}\left(\frac{\partial W}{\partial x}\frac{\partial T}{\partial x} + \frac{\partial W}{\partial y}\frac{\partial T}{\partial y}\right)\mathrm{d}\varOmega = \int_{\varOmega} W g(x, y)\mathrm{d}\varOmega + \int_{\varGamma_2} W\overline{q}\mathrm{d}\varGamma \tag{5.42}$$

对于区域 $\varOmega$ 的任意多边形剖分 $\varOmega = \bigcup\limits_{i=1}^{n} \varOmega^e$，在每个单元 $\varOmega^e$ 上以多边形有理函数插值作为未知温度场的近似函数，即

$$T^h(x, y) = \sum_{i=1}^{n} \phi_i(x, y) T_i \tag{5.43}$$

其中，n 为单元的边数，$\phi_i(x, y)$ 为单元节点的形函数. 采用 Galerkin 法时，权函数 $W_i(x, y) = \phi_i(x, y)$，$i = 1, 2, \cdots, n$.

将(5.43)式代入(5.42)式得到单元离散方程组，写成矩阵的形式

$$\boldsymbol{K}^e \boldsymbol{T}^e = \boldsymbol{f}^e \tag{5.44}$$

其中

$$\boldsymbol{K}^e = \int_{\Omega^e} (\boldsymbol{A}\boldsymbol{A}^{\mathrm{T}} + \boldsymbol{B}\boldsymbol{B}^{\mathrm{T}}) \mathrm{d}\Omega \tag{5.45}$$

$$\boldsymbol{T}^e = [T_1, T_2, \cdots, T_n]^{\mathrm{T}} \tag{5.46}$$

$$\boldsymbol{f}^e = -\int_{\Omega^e} \boldsymbol{N}^{\mathrm{T}} g \mathrm{d}\Omega + \int_{\Gamma_e^e} \boldsymbol{N}^{\mathrm{T}} \bar{q} \mathrm{d}\Gamma \tag{5.47}$$

$$\boldsymbol{A} = \left[\frac{\partial \phi_1}{\partial x}, \frac{\partial \phi_2}{\partial x}, \cdots, \frac{\partial \phi_n}{\partial x}\right]^{\mathrm{T}} \tag{5.48}$$

$$\boldsymbol{B} = \left[\frac{\partial \phi_1}{\partial y}, \frac{\partial \phi_2}{\partial y}, \cdots, \frac{\partial \phi_n}{\partial y}\right]^{\mathrm{T}} \tag{5.49}$$

$$\boldsymbol{N} = [\phi_1, \phi_2, \cdots, \phi_n] \tag{5.50}$$

组装各个单元的矩阵,得到整个系统的矩阵 $\boldsymbol{K}$ 以及整个系统的线性代数方程组

$$\boldsymbol{K}\boldsymbol{T} = \boldsymbol{f} \tag{5.51}$$

施加边界条件,求解方程组(5.51),可以求得未知函数在各个节点的值.

有理单元法与传统有限元法的主要区别在于:

(1) 传统有限元法的单元为三角形/四边形;有理单元法的单元形状不受三角形/四边形的限制,根据需要可以是任意边数的多边形.

(2) 传统有限元法的形函数为多项式形式;有理单元法的形函数为有理函数形式.

5.5 数值积分方案

在有理单元法中,单元试函数采用有理函数插值形式,因此在计算单元刚度矩阵(5.45)时(这里借用力学中的术语),无法像传统有限元计算刚度矩阵那样,采用解析积分的方法.在计算刚度矩阵

(5.45)时,我们采用数值积分技术.目前的数值积分方法的代数精度是针对多项式数值积分而言,还没有专门针对有理函数的数值积分方法.

Gautam Dasgupta(2003)提出一种多变量有理函数积分方案[63],利用散度定理(Divergence Theorem)将计算单元刚度矩阵的有理函数面积分,化为积分区域边界上的线积分.但是该方法为利用散度定理,需要构造一个单元上的向量值函数,这是一件不容易的事情.Dasgupta采用数学符号运算软件 *Mathematica* 推导向量值函数,这在实际计算中是非常不方便的.

当前的数值积分方法只能解决三角形和四边形单元上的积分问题[193, 194].对于多边形单元,我们可以将多边形分解为三角形和四边形,在三角形上采用三角形数值积分,在四边形上采用Gauss积分.

分解一个多边形为三角形和四边形有以下的方式:

(1) 三角形分解——将多边形分解为三角形子单元;

(2) 三角形-四边形混合分解——将多边形分解为三角形和四边形子单元;

(3) 中心三角形分解——连接多边形的中心和多边形的各顶点形成的三角形分解.

以五边形为例,以上三种分解方式分别如图5.1~5.3所示.

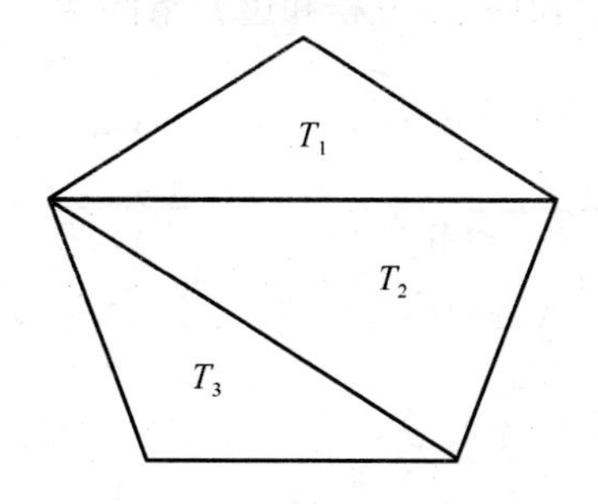

图5.1 五边形单元的三角形分解

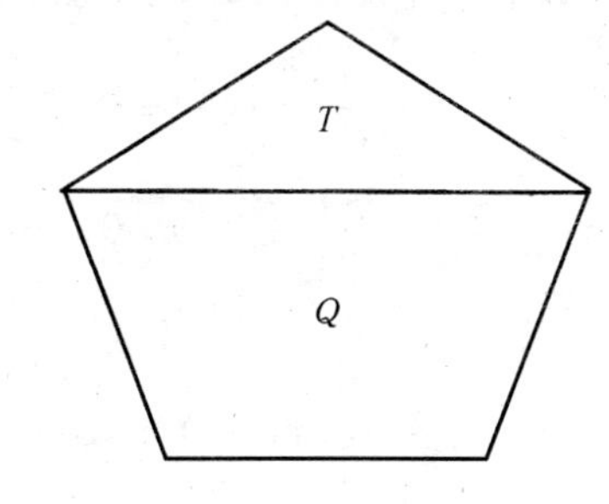

图5.2 五边形单元的三角形-四边形分解

从以上三种多边形分解方案中，可以看出，三角形分解法和三角形-四边形混合分解法，对多边形的分解是不唯一的，而中心三角形分解是唯一的，这在计算程序的编写上是非常重要的. 另外，从三种分解方式来看，以中心三角形分解得到的子单元最多，根据定积分的定义，在积分时增加积分单元可以提高积分的精度.

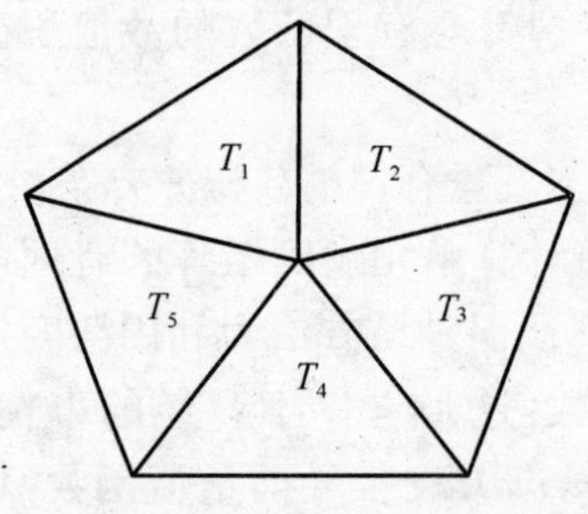

图 5.3　五边形的中心三角形分解

基于以上两点考虑，在实际计算过程中，在多边形单元上刚度矩阵的数值积分我们选用中心三角形分解方式，在每一个子三角形上采用三角形数值积分[194]. 在三角形和四边形单元上分别采用三角形数值积分和 Gauss 积分.

5.6　数值算例与分析

本节利用有理单元法数值求解凸区域上的稳态温度场，并讨论有理单元法的误差. 在计算中假设物体材料是各向同性的.

5.6.1　矩形区域上的稳态温度场

设有一个矩形区域上的稳态温度场，其控制方程和边界条件为

$$\frac{\partial^2 T}{\partial x^2}+\frac{\partial^2 T}{\partial y^2}=0,\ 0<x<5,\ 0<y<10 \tag{5.52}$$

$$T(x,\ 0)=0,\ 0<x<5 \tag{5.53}$$

$$T(0,\ y)=0,\ 0<y<10 \tag{5.54}$$

$$T(x,\ 10)=100\sin\left(\frac{\pi x}{10}\right),\ 0<x<5 \tag{5.55}$$

$$T_x(5,\ y)=0,\ 0<y<10 \tag{5.56}$$

该温度场的解析分布为

$$T(x,\ y) = \frac{100}{\sinh\pi}\sinh\frac{\pi y}{10}\sin\frac{\pi x}{10} \tag{5.57}$$

本算例利用 MATLAB 6.5 编写计算程序[189~190]. 在矩形区域上均匀布置 231 个节点,首先利用 MATLAB 的 Delaunay 三角化命令(MATLAB 语法: *tri*=*delaunay*(x, y), x, y 为节点的坐标, *tri* 为三角形单元的节点编号索引矩阵)生成三角形网格,之后采用 Delaunay 多边形化技术(参见本文第四章)生成四边形网格. 本算例生成 200 个四边形单元,区域网格如图 5.4 所示. 刚度矩阵和相对误差的计算均采用 4 点 Gauss 积分.

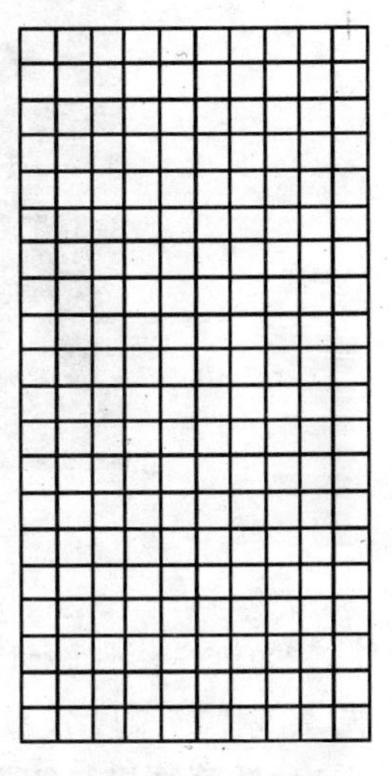

图 5.4　计算网格

计算得到的温度场分布如图 5.5 所示,解析温度场分布如图 5.6 所示. 从温度场的等值线图中可以看出,计算所得的温度场分布具有极好的精度.

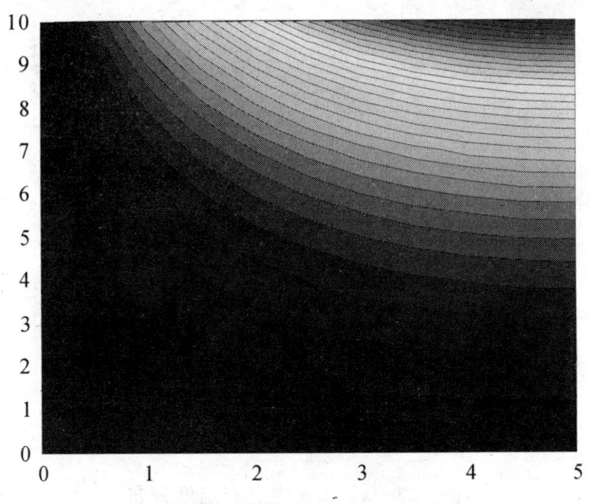

图 5.5　数值计算的温度场分布

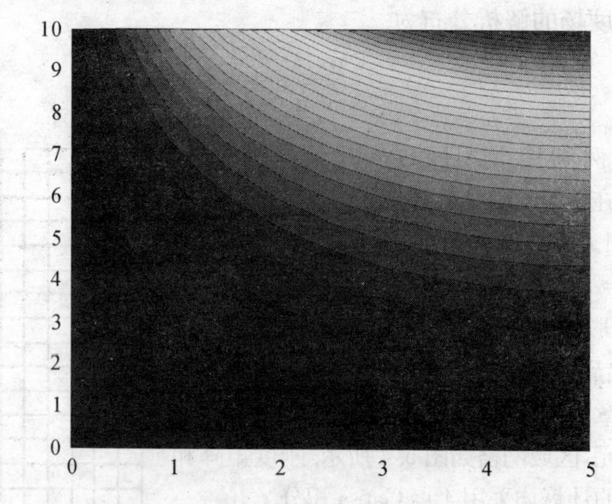

图 5.6　解析温度场分布

为进一步比较计算结果和精确解，分别绘制出 $x=2.5$ 和 $y=5.5$ 两条线上的温度分布情况，如图 5.7～5.8 所示. 由图 5.7～5.8 可以看出，计算结果与解析解十分吻合.

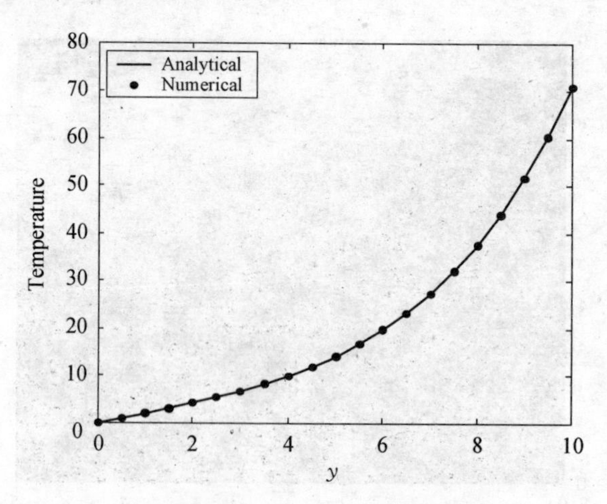

图 5.7　$x=2.5$ 线上的温度分布

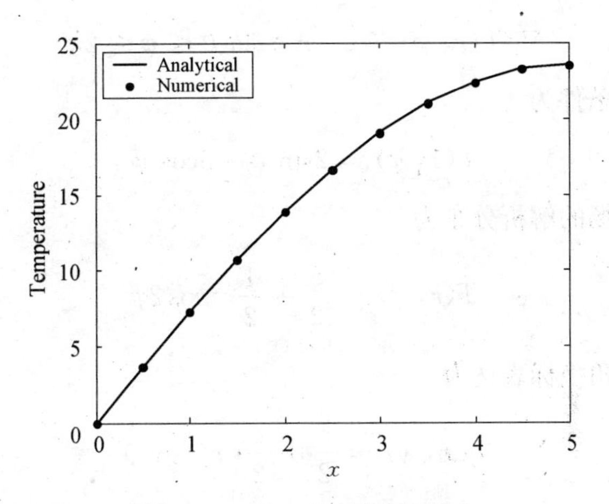

图 5.8　y=5.5 线上的温度分布

定义函数 $u(x, y)$ 的 L^2-范数

$$\| u(x, y) \|_{L^2(\Omega)} = \left(\int_\Omega (u(x, y))^2 \mathrm{d}\Omega\right)^{\frac{1}{2}} \tag{5.58}$$

误差的 L^2-范数定义为

$$\| u(x, y) - u^h(x, y) \|_{L^2(\Omega)} = \left(\int_\Omega (u(x, y) - u(x, y))^2 \mathrm{d}x\mathrm{d}y\right)^{\frac{1}{2}} \tag{5.59}$$

相对误差定义为

$$RER = \frac{\| u(x, y) - u^h(x, y) \|_{L^2(\Omega)}}{\| u(x, y) \|_{L^2(\Omega)}} \tag{5.60}$$

其中,$u(x, y)$为准确解,$u^h(x, y)$为计算的近似解.

本算例的相对误差为 0.12%,考虑到计算所用的网格单元尺寸为 0.5,计算的精度是令人满意的.

5.6.2　圆域上的稳态温度场分布

考虑单位半径圆域上的稳态温度场分布,其控制方程为

$$\nabla^2 T(r, \varphi) = 0 \quad r < 1, 0 \leqslant \varphi \leqslant 2\pi \tag{5.61}$$

边界条件为

$$T(1, \varphi) = 2\sin^2\varphi + 3\cos^2\varphi \tag{5.62}$$

温度场的解析分布为

$$T(r, \varphi) = \frac{5}{2} + \frac{1}{2} r^2 \cos 2\varphi \tag{5.63}$$

其直角坐标表达为

$$T(x, y) = \frac{5}{2} + \frac{1}{2}(x^2 - y^2) \tag{5.64}$$

在圆域内布置 160 个节点,节点分布如图 5.9 所示.

采用 Delaunay 多边形化技术,自动生成 145 个单元,其中四边形单元 144 个,十六边形单元 1 个,单元网格如图 5.10 所示.

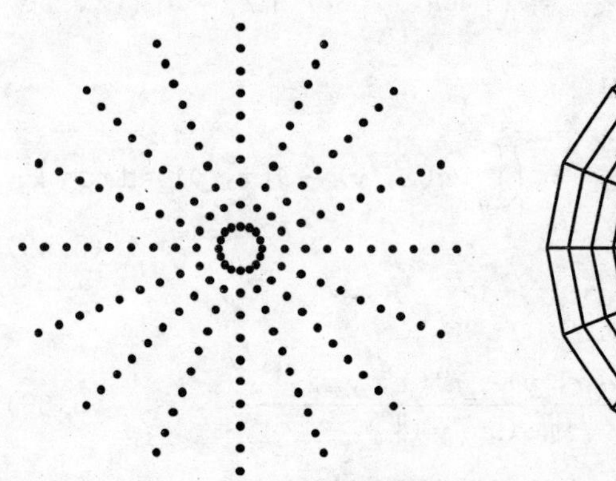

图 5.9 圆域上 160 个节点的分布

图 5.10 160 个节点的 Delaunay 多边形化网格

在数值计算过程中,单元刚度矩阵的数值积分,对四边形单元采用 4 点 Gauss 积分,十六边形单元采用中心三角形分解,在每一个子三角形上采用 3 点三角形数值积分. 相对误差计算统一采用中心三角形分解，在每一个子三角形上采用3点三角形数值积分方案.

计算的相对误差为0.26%. 沿$\varphi=0$和$\varphi=\frac{\pi}{2}$线段上的温度分布如图5.11～5.12所示.

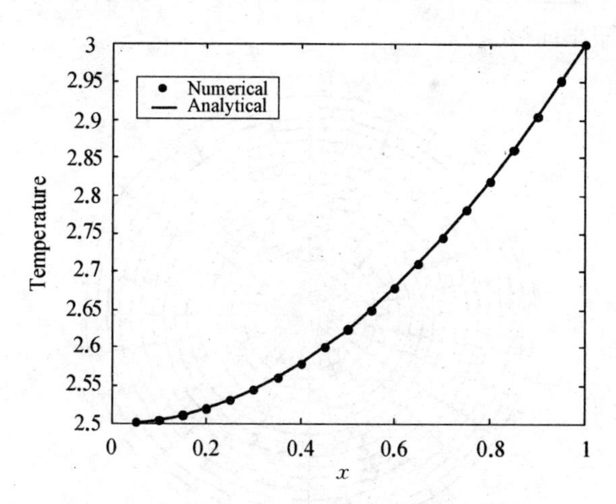

图5.11　沿$\varphi=0$线段上的温度分布

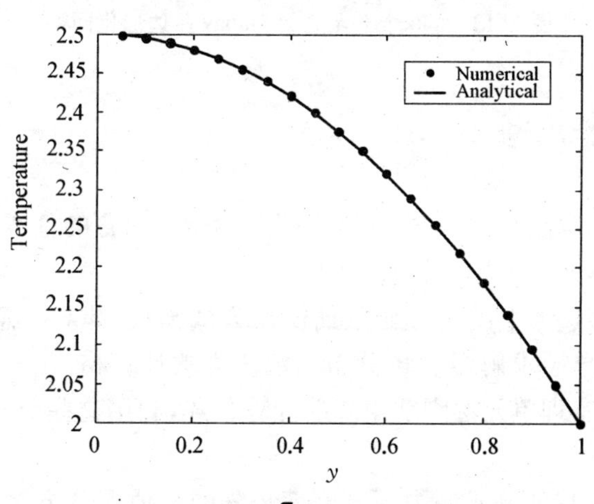

图5.12　沿$\varphi=\frac{\pi}{2}$线段上的温度分布

加密节点，在圆域内布置 640 个节点，由 Delaunay 多边形化自动生成 609 个单元，其中四边形单元 608 个，三十二边形 1 个，如图5.13所示. 计算的相对误差为 0.066 25%，对比布置 160 个节点的相对误差 0.26%，精度提高了一个数量级，说明有理单元法的计算误差随单元尺寸的缩小而减少.

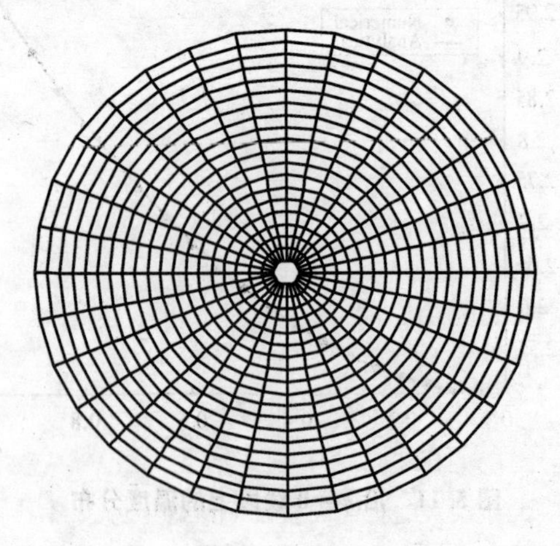

图 5.13 640 个节点的 Delaunay 多边形化网格

5.7 本章小结

作为本章的基础，首先简要介绍了热传导问题的基本方程、微分方程的弱形式和加权残数法.

利用多边形上的有理函数插值作为试函数，针对任意多边形单元网格，推导了求解温度场分布的数值方法计算格式——有理单元法. 给出了有理单元法刚度矩阵的计算公式，利用这些公式可以编写计算程序.

给出了有理单元法中计算刚度矩阵的数值积分方案，利用该数值积分方案可以编制针对任意多边形单元的计算程序.

利用有理单元法对凸区域上的稳态温度场分布进行了数值计算，并对有理单元法的误差问题作了初步的研究.算例表明，本方法具有满意的求解精度.

网格划分采用 Delaunay 多边形化技术，使得有理单元法的前处理实现了自动化，大大减轻了前处理的工作量.

第六章　求解弹性力学问题的有理单元法

6.1　引言

弹性力学在结构工程、航天航空和工程材料研究等工程技术领域具有广泛的应用. 弹性力学问题可以归结为在一定边界条件下的求解偏微分方程,弹性力学的基本方程为一组椭圆形偏微分方程. 弹性力学方程除了在一些比较简单的求解区域和边界条件的情况下,可以得到其解析解外,工程中遇到的大部分问题,都难以得到其解析解. 为求解弹性力学方程,工程实际中广泛采用数值求解技术.

数值求解弹性力学问题的主要方法有有限元法(Finite Element Method, FEM)[15~17]、有限差分法(Finite Difference Method, FDM)[192]和边界元法(Boundary Element Method, BEM)[196]等. 有限元法将求解区域离散成为有限单元,在每一个单元上构造求解未知量的近似函数(试函数),从而做到对整个求解域上未知函数的分片逼近. 有限元的计算精度与单元形状和单元上试函数的选取密切相关. 传统有限元法的单元主要为三角形单元和四边形单元,三角形单元对区域的适应性好,但是常应变三角形单元的精度较低,四边形单元的精度比三角形单元高,但是对于复杂的求解区域网格适应性差. 工程中常将两种单元结合使用,在区域的内部使用四边形单元,以提高求解精度,在区域的边界采用三角形单元,以更好地适应求解区域边界.

随着科学技术的发展,对结构材料的分析,由宏观尺度向细观尺度,直至纳观尺度方面发展,以期能更加准确地了解材料的力学性能.传统有限元法为准确模拟材料的细观性能,需要在求解区域上划分稠密的有限元网格,这极大地增加了计算时间.为有效的模拟材料的细观性能,1994 年美国学者 S. Ghosh 提出了基于 Voronoi 单胞多边形网格的有限元法——Voronoi 单胞有限元法(Voronoi Cell Finite Element Method, VCFEM)[5].VCFEM 的单元是基于颗粒增强复合材料的显微照片,以颗粒为中心划分的 Voronoi 单胞多边形.由于在多边形单元上难以构造满足协调性要求的多项式位移试函数,Ghosh 采取基于 Pian 的假设应力模式[197]的应力插值,构造出多边形单元上的杂交有限单元.因此,VCFEM 是一种多边形单元上的杂交应力有限元法.

为模拟含有夹杂和孔洞的材料,1995 年 J. Zhang 和 N. Katsube 基于变分原理提出杂交多边形有限元(Hybrid Polygonal Element, HPE)[7],HPE 的网格划分与 VCFEM 不同,其在夹杂处采用包含夹杂的任意多边形单元,在其他材料均匀的地方采用传统有限元网格.HPE 在模拟含有夹杂和孔洞材料方面,比 VCFEM 具有明显的优势.

同样为解决多边形单元上试函数构造的问题,2000 年 P. Gullett 和 M. Rashid 采用数值的方法构造多边形上的多项式形式的形函数,提出可变单元拓扑有限元法(Variable Element Topology Finite Element Method, VETFEM)[106~107].VETFEM 试函数的构造方法,在单元边界上无法保证位移的连续性,是一种非协调有限元方法.同时其构造方法复杂,在实际中难以推广使用.

为构造多边形上满足协调性要求的位移形函数,1975 年 E. L. Wachspress 提出了在多边形上满足协调性要求的有理函数形函数的构造方法[29].该方法在构造多边形单元的有理形函数时,需要求解过多边形外交叉点的曲线方程,这在多边形边数很大的情况下,是一件困难的事情.2003 年 G. Dasgupta 对 Wachspress 型有理函数形函数的构造方法进行了改进[62~63],Dasgupta 的方法不需要求解过多边形外交叉点的曲线方程,但是他的构造方法中含有待定的参数,需要递推确定,Dasgupta 采用数学符号运算软件 *Mathematica* 推导确定待定参数,在实际使用中是很不方便的.

本章采用第二章构造的多边形有理函数插值作为试函数,利用 Galerkin 法推导基于多边形单元网格求解弹性力学问题的数值方法——有理单元法. 与传统有限元法不同,有理单元法直接在多边形单元上构造试函数,对所有单元都不需要做等参变换,是一种直接求解的方法.

本章安排如下,第 2 节为弹性力学基本方程及其弱形式;第 3 节推导求解弹性力学问题的有理单元法公式;第 4 节为小片试验和数值积分精度分析;第 5 节为求解弹性力学问题的数值算例和分析;最后是本章结论部分.

6.2 弹性力学基本方程及其弱形式

6.2.1 弹性力学基本方程

考虑区域 Ω 上的物体,区域的边界为 $\Gamma=\partial\Omega$. 边界划分为两部分 Γ_1(本质边界) 和 Γ_2(自然边界),并且 $\Gamma=\Gamma_1\cup\Gamma_2$, $\Gamma_1\cap\Gamma_2=\varnothing$.

线弹性小变形弹性体的弹性力学基本方程为[198]

$$\sigma_{ji,j}+b_i=0, \quad \text{in } \Omega \tag{6.1}$$

$$\sigma_{ji}=\sigma_{ij} \tag{6.2}$$

$$\sigma_{ij}=C_{ijkl}\varepsilon_{kl} \tag{6.3}$$

$$\varepsilon_{ij}=\frac{1}{2}(u_{i,j}+u_{j,i}) \tag{6.4}$$

其中,C 为弹性张量,对于各向同性均匀材料,利用 Lame 常数 λ, μ 可表示为

$$C_{ijkl}=\lambda\delta_{ij}\delta_{kl}+\mu(\delta_{ik}\delta_{jl}+\delta_{il}\delta_{jl}) \tag{6.5}$$

这里我们采用了 Einstein 求和约定,重复的下标表示求和,i, j, k, l 取值 1, 2, 3. 方程(6.1)为平衡方程,σ_{ij} 为 Cauchy 应力张量,b_i 为单位体积体力. 方程(6.2)表示对称应力张量. 方程(6.3)为本构方程,ε_{ij} 为小

应变张量. 方程(6.4)为位移-应变关系,u_i 为物体的容许位移.

位移(本质)边界条件施加在边界 Γ_1,力(自然)边界条件施加在 Γ_2. 位移和力边界条件为

$$u_i = \bar{u}_i, \quad \text{on } \Gamma_1 \tag{6.6}$$

$$t_i = \sigma_{ji} n_j = \bar{t}_i, \quad \text{on } \Gamma_2 \tag{6.7}$$

其中,n_i 为区域 Ω 的外法线方向,$\bar{u}_i$, $\bar{t}_i$ 分别为给定的位移和外力.

方程(6.1)~(6.4)和方程(6.6)~(6.7)组成弹性力学问题的微分方程边值问题(Boundary Value Problem).

6.2.2 弹性力学边值问题的弱形式[157]

令 $\boldsymbol{u}$ 为弹性力学边值问题的位移解,$\sigma(\boldsymbol{u})$ 为相应的 Cauchy 应力张量. 在无惯性力的条件下,Cauchy 应力张量 $\sigma(\boldsymbol{u})$ 满足平衡方程

$$\sigma_{ji,j} + b_i = 0, \quad \text{in } \Omega \tag{6.8}$$

弹性力学平衡方程是一组耦合的二阶椭圆形偏微分方程.

为下面叙述方便,引进以下记号

Lebesgue 意义下平方可积函数空间,记作

$$L^2(\Omega) = \left\{ f \,\middle|\, \int_\Omega f^2 \mathrm{d}\Omega < +\infty \right\} \tag{6.9}$$

m 阶 Sobolev 函数空间,记作

$$H^m(\Omega) = \{ u \mid D^\alpha u \in L^2(\Omega), \ \forall\, |\alpha| \leqslant m \} \tag{6.10}$$

其中偏导数

$$D^\alpha u = \frac{\partial^{|\alpha|} u}{\partial x_1^{\alpha_1} \partial x_2^{\alpha_2} \cdots \partial x_n^{\alpha_n}}, \ |\alpha| = \alpha_1 + \alpha_2 + \cdots + \alpha_n \tag{6.11}$$

在 Sobolev 空间中,有两个常用的重要空间 $H_0^1(\Omega)$, $H_0^2(\Omega)$,其中的函数满足一定的边界条件.

$$H_0^1(\Omega) = \{v \mid v \in H^1(\Omega),\ v = 0 \text{ on } \Gamma\} \tag{6.12}$$

$$H_0^2(\Omega) = \left\{v \middle| v \in H^2(\Omega),\ v = 0,\ \frac{\partial v}{\partial n} = 0 \text{ on } \Gamma\right\} \tag{6.13}$$

假设一个位移试函数(Displacement Trial Function) $\boldsymbol{u} \in \mathbf{V} = H^1(\Omega) \times H^1(\Omega)$ 和任意一个满足边界条件的容许位移检验函数(虚位移)(Kinematically Admissible Test Function) $\boldsymbol{v} \in \mathbf{V}_0 = H_0^1(\Omega) \times H_0^1(\Omega)$,在方程(6.8)的两边同时乘以 v_i 并在 Ω 上积分,可得

$$\int_\Omega \sigma_{ji,j} v_i \mathrm{d}\Omega + \int_\Omega b_i v_i \mathrm{d}\Omega = 0 \tag{6.14}$$

方程(6.14)可以改写为

$$\int_\Omega (\sigma_{ji} v_i)_{,j} \mathrm{d}\Omega - \int_\Omega \sigma_{ji} v_{i,j} \mathrm{d}\Omega + \int_\Omega b_i v_i \mathrm{d}\Omega = 0 \tag{6.15}$$

利用 Green 公式,可得

$$\int_\Gamma \sigma_{ji} n_j v_i \mathrm{d}\Omega - \int_\Omega \sigma_{ji} v_{i,j} \mathrm{d}\Omega + \int_\Omega b_i v_i \mathrm{d}\Omega = 0 \tag{6.16}$$

将边界条件(6.7)式代入方程(6.16),可得

$$\int_\Gamma \bar{t}_i v_i \mathrm{d}\Omega - \int_\Omega \sigma_{ji} v_{i,j} \mathrm{d}\Omega + \int_\Omega b_i v_i \mathrm{d}\Omega = 0 \tag{6.17}$$

因为 σ 是二阶对称张量($\sigma_{ij} = \sigma_{ji}$),我们有下面关系

$$\sigma_{ij} v_{i,j} = \frac{1}{2}\sigma_{ij}(v_{i,j} + v_{j,i}) = \sigma_{ij}(\boldsymbol{u})\varepsilon_{ij}(\boldsymbol{v}) \tag{6.18}$$

将(6.18)式代入方程(6.17),并重新排列可得

$$\int_\Omega \sigma_{ji}(\boldsymbol{u})\varepsilon_{ij}(\boldsymbol{v}) \mathrm{d}\Omega = \int_\Omega b_i v_i \mathrm{d}\Omega + \int_\Gamma \bar{t}_i v_i \mathrm{d}\Omega \tag{6.19}$$

因为检验函数 v_i 在本质边界 Γ_1 上等于零,我们得到线弹性体平衡微分方程的弱形式(变分形式)提法为:

求一个函数 $\boldsymbol{u} \in \boldsymbol{V}$,使得对于任意的函数 $\boldsymbol{v} \in \boldsymbol{V}_0$ 均成立

$$\int_{\Omega} \sigma(\boldsymbol{u}) : \varepsilon(\boldsymbol{v}) \mathrm{d}\Omega = \int_{\Omega} \boldsymbol{b} \cdot \boldsymbol{v} \mathrm{d}\Omega + \int_{\Gamma_2} \bar{\boldsymbol{t}}_i \cdot \boldsymbol{v}_i \mathrm{d}\Omega \tag{6.20}$$

6.3 求解弹性力学问题的有理单元法

利用 Bubnov-Galerkin 法推导二维弹性力学的有理单元法.

在有理单元法中,选取有限维函数子空间 $\boldsymbol{V}^h \subset \boldsymbol{V}$ 和 $\boldsymbol{V}_0^h \subset \boldsymbol{V}_0$ 作为近似试函数和检验函数空间(Trial and Test Function Space). 弱形式(6.20)的离散近似形式可以表示为:

求 $\boldsymbol{u}^h \in \boldsymbol{V}^h \subset \boldsymbol{V}$,使得对于任意的函数 $\boldsymbol{v} \in \boldsymbol{V}_0^h \subset \boldsymbol{V}_0$ 均成立

$$\int_{\Omega} \sigma(\boldsymbol{u}^h) : \varepsilon(\boldsymbol{v}^h) \mathrm{d}\Omega = \int_{\Omega} \boldsymbol{b} \cdot \boldsymbol{v}^h \mathrm{d}\Omega + \int_{\Gamma_2} \bar{\boldsymbol{t}} \cdot \boldsymbol{v}^h \mathrm{d}\Gamma \tag{6.21}$$

将求解区域 Ω 分解为若干有限多边形单元 Ω^e,$\Omega = \bigcup \Omega^e$,对每个多边形单元 Ω^e,在 Bubnov-Galerkin 过程中,位移试函数 $\boldsymbol{u}^h$ 以及检验函数 $\boldsymbol{v}^h$ 是相同形函数的线性组合. 试函数和检验函数分别为

$$\boldsymbol{u}^h(x) = \sum_{i=1}^{n} \phi_i(x) \boldsymbol{u}_i \tag{6.22}$$

$$\boldsymbol{v}^h(x) = \sum_{i=1}^{n} \phi_i(x) \boldsymbol{v}_i \tag{6.23}$$

这里,n 为多边形单元的顶点数,$\phi_i(x)$ 为多边形单元上第 i 个节点的有理函数形函数. 将(6.22)式写成矩阵的形式为

$$\boldsymbol{u} = \boldsymbol{N}\boldsymbol{d} \tag{6.24}$$

其中

$$\boldsymbol{u} = \begin{Bmatrix} u_1 \\ u_2 \end{Bmatrix} \tag{6.25}$$

$$\boldsymbol{N} = \begin{bmatrix} \phi_1 & 0 & \cdots & \phi_n & 0 \\ 0 & \phi_1 & \cdots & 0 & \phi_n \end{bmatrix} \tag{6.26}$$

$$\boldsymbol{d} = [u_1^1, u_2^1, u_1^2, u_2^2, \cdots, u_1^n, u_2^n]^{\mathrm{T}} \tag{6.27}$$

平面弹性力学问题的本构关系为：

$$\boldsymbol{\sigma} = \boldsymbol{D}\varepsilon \tag{6.28}$$

其中 $\boldsymbol{D}$ 为各项同性材料弹性常数矩阵

对于平面应力问题弹性常数矩阵为

$$\boldsymbol{D} = \frac{E}{1-\nu^2}\begin{bmatrix} 1 & \nu & 0 \\ \nu & 1 & 0 \\ 0 & 0 & \dfrac{1-\nu}{2} \end{bmatrix} \tag{6.29}$$

这里 E 为材料的杨氏模量(Young Modulus)，ν 为材料的泊松比(Poisson Rate).

对于平面应变问题弹性常数矩阵为

$$\boldsymbol{D} = \frac{E(1-\nu)}{(1+\nu)(1-2\nu)}\begin{bmatrix} 1 & \dfrac{\nu}{1-\nu} & 0 \\ \dfrac{\nu}{1-\nu} & 1 & 0 \\ 0 & 0 & \dfrac{1-2\nu}{2(1-\nu)} \end{bmatrix} \tag{6.30}$$

位移-应变关系为

$$\varepsilon = \begin{Bmatrix} \dfrac{\partial u}{\partial x} \\ \dfrac{\partial v}{\partial y} \\ \dfrac{\partial u}{\partial y} + \dfrac{\partial v}{\partial x} \end{Bmatrix} = \boldsymbol{B}\boldsymbol{d} \tag{6.31}$$

其中

$$\boldsymbol{B} = \begin{bmatrix} \phi_{1,x} & 0 & \phi_{2,x} & 0 & \cdots & \phi_{n,x} & 0 \\ 0 & \phi_{1,y} & 0 & \phi_{2,y} & \cdots & 0 & \phi_{n,y} \\ \phi_{1,y} & \phi_{1,x} & \phi_{2,y} & \phi_{2,x} & \cdots & \phi_{n,y} & \phi_{n,x} \end{bmatrix} \tag{6.32}$$

将(6.22)～(6.23)式代入(6.21)式，并利用函数 v^h 的任意性，可得每个单元 Ω^e 的线性代数方程组

$$\boldsymbol{K}^e\boldsymbol{d}^e = \boldsymbol{f}^e \tag{6.33}$$

这里

$$\boldsymbol{K}^e = \int_{\Omega^e} \boldsymbol{B}^T\boldsymbol{DB}\,\mathrm{d}\Omega \tag{6.34}$$

$$\boldsymbol{f}^e = \int_{\Gamma_2^e} \boldsymbol{N}^T \cdot \bar{\boldsymbol{t}}\,\mathrm{d}\Gamma + \int_{\Omega^e} N^T \cdot \boldsymbol{b}\,\mathrm{d}\Omega \tag{6.35}$$

组装各个单元的刚度矩阵，得到整个系统的刚度矩阵 $\boldsymbol{K}$ 以及整个系统的线性代数方程组

$$\boldsymbol{Kd} = \boldsymbol{f} \tag{6.36}$$

求解方程组(6.36)可以得到节点的位移，进而可求出相应的应力.

在实际计算过程中，有理单元法的计算步骤为：

(1) 输入节点坐标；

(2) 由节点生成多边形单元网格，得到多边形单元的节点索引矩阵；

(3) 输入位移边界条件和力边界条件；

(4) 输入材料的本构矩阵；

(5) 单元循环，计算各单元节点的有理形函数，进而得到单元刚度矩阵；

(6) 组装单元刚度矩阵，形成系统刚度矩阵；

(7) 施加边界条件，得到代数方程；

(8) 求解代数方程组，得到节点的位移值；

(9) 计算各单元的应力；

(10) 数值计算结果的处理.

有理单元法的前处理采用第四章的 *Delaunay* 多边形化技术，部分问题也采用人工划分网格的方法.

有理单元法的形函数是有理函数，不同的单元形状形函数互不相同，因此无法像传统有限元法那样在单元刚度矩阵计算中采用解析积

分的方法. 在有理单元法中,单元形函数的导数计算和单元刚度矩阵的积分运算,采用数值计算方法. 形函数的导数计算其在积分点上的值,单元刚度矩阵和误差计算采用与第五章相同的数值积分方案. 除非特别声明,三角形数值积分采用 3 个积分点,*Gauss* 积分采用 4 个积分点.

本章算例采用 MATLAB 语言编写,MATLAB 语言在编写有限元程序中越来越得到重视[194],利用 MATLAB 编写的有限元程序,具有程序编写简单、程序行数少等优点[199~200].

由于单元的节点数不统一,无法采用矩阵存储单元节点索引,在计算程序的编写中,采用单元(*Cell*)数组存储多边形单元的节点索引.

6.4 小片试验

小片试验(Patch Test)是 20 世纪 60 年代中期提出的,是一种检验单元是否违反协调性的方法,后来小片试验也常用来作为检验有限元程序是否正确的方法[201]. 尽管存在小片试验是否为收敛必要条件的争论,由于其使用的方便性,作为一种检验和评价单元协调性的标准是毫无疑问的[157].

在位移基小片试验中,在区域 Ω 的边界 Γ_u($\Gamma_u = \partial\Omega$) 上施加线性位移场. 如果小片试验通过,线性位移场将被准确得出,区域内部节点的位移在机器精度下与线性解完全相同. 小片试验能否通过不但与单元的性质有关,而且还极大地依赖于刚度矩阵数值积分的精度.

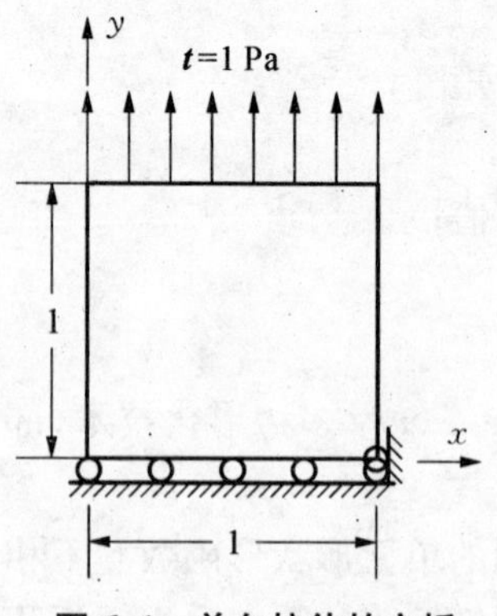

图 6.1 单向拉伸的方板

6.4.1 单位方板的单向拉伸

考虑一个在单位应力作用下的单向拉伸方板,板的边长为 1,其边界条件如图 6.1 所示.

其精确位移解为线性的

$$u_1=\frac{\nu}{E}(1-x_1),\ u_2=\frac{x_2}{E} \tag{6.37}$$

在本例中，材料常数杨氏模量 $E=100$，泊松比 $\nu=0.3$，假设为平面应力状态. 单元刚度矩阵和误差计算采用数值积分，多边形单元采用第五章的中心三角形分解方案，对三角形采用 3 个积分点，四边形采用 4 点 Gauss 积分.

L^2 误差范数定义为

$$\|\boldsymbol{u}-\boldsymbol{u}^h\|_{L^2(\Omega)}=\left(\int_\Omega(u_i-u_i^h)(u_i-u_i^h)\mathrm{d}\Omega\right)^{\frac{1}{2}} \tag{6.38}$$

相对误差定义为

$$RER=\frac{\|\boldsymbol{u}-\boldsymbol{u}^h\|_{L^2(\Omega)}}{\|\boldsymbol{u}\|_{L^2(\Omega)}} \tag{6.39}$$

这里，$\boldsymbol{u}$ 为准确位移解，$\boldsymbol{u}^h$ 为计算的近似解.

对六种不同的网格进行小片试验，网格划分如图 6.2a～f 所示. 表 6.1 为各种网格的计算相对误差.

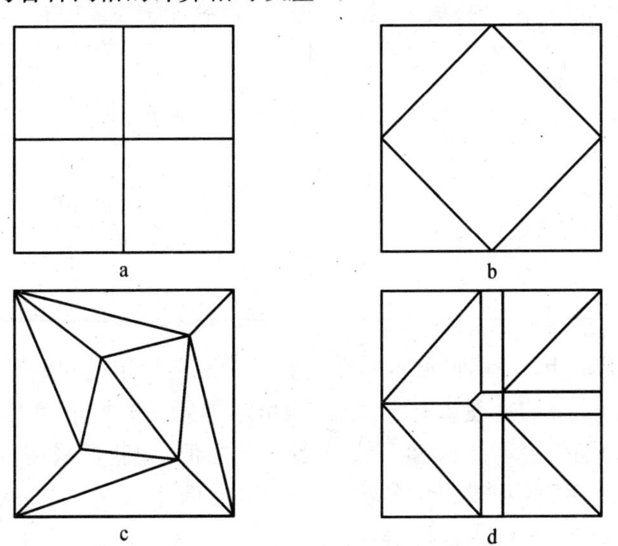

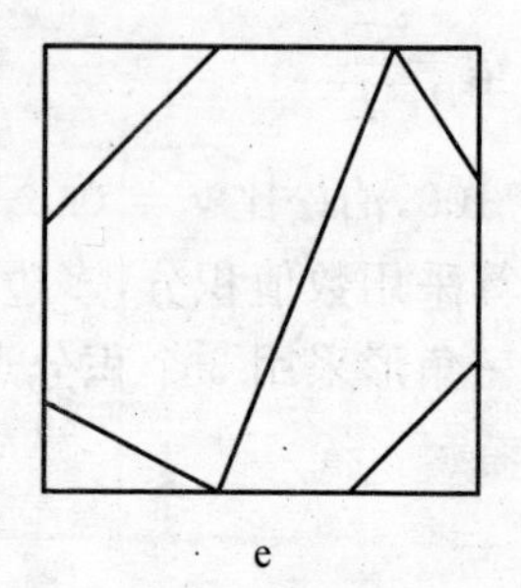

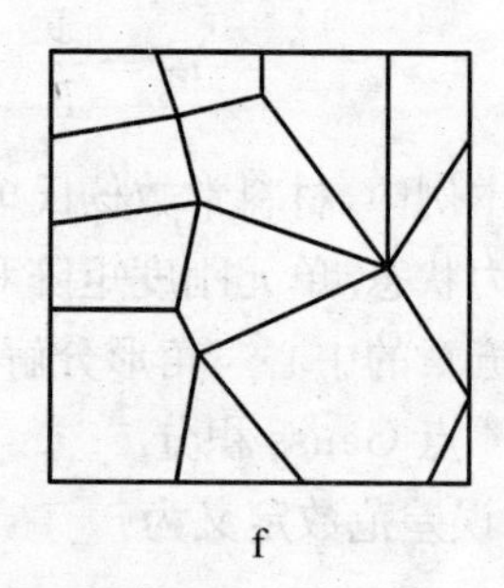

图 6.2 小片试验的 6 种不同网格

由表 6.1 可以看出，对于 a，b，c 三种网格相对误差量级在 10^{-13}，而对于 d，e，f 网格相对误差量级在 $10^{-4} \sim 10^{-2}$ 之间.

在有理单元法中，位移试函数能够准确再现线性位移场(参见第二章定理 2.5). 这里出现的误差是由单元刚度矩阵和误差计算的数值积分造成的.

表 6.1 小片试验的相对误差

网格类型	有理单元个数	相对误差 *RER*
a	0	9.6018×10^{-16}
b	0	6.1761×10^{-14}
c	0	1.0093×10^{-13}
d	1	3.9721×10^{-4}
e	2	5.3125×10^{-3}
f	10	1.4376×10^{-2}

对于 a，b，c 三种网格，其单元类型为三角形单元和矩形单元，由第二章第 5 节的定理 2.6 可知，在三角形单元和矩形单元上，有理函数插值分别等价于线性和双线性多项式插值，而我们采用的数值积分方案对于线性和双线性多项式是精确的. 因此，对于 a，b，c 三种网格的计算误差主要来自机器误差.

对于 d，e，f 网格三种网格，含有不规则四边形和边数大于 4 的多边形，其中 d 网格含有 1 个五边形单元，e 网格含有 2 个五边形单元，f 网格含有 2 个五边形和 8 个不规则的四边形. 在不规则四边形上，试函数为有理函数形式(参见第二章第 5 节). 从表 6.1 可以看出，计算误差与试函数为有理函数的有理单元(Rational Element)个数成正比关系，如图 6.3 所示.

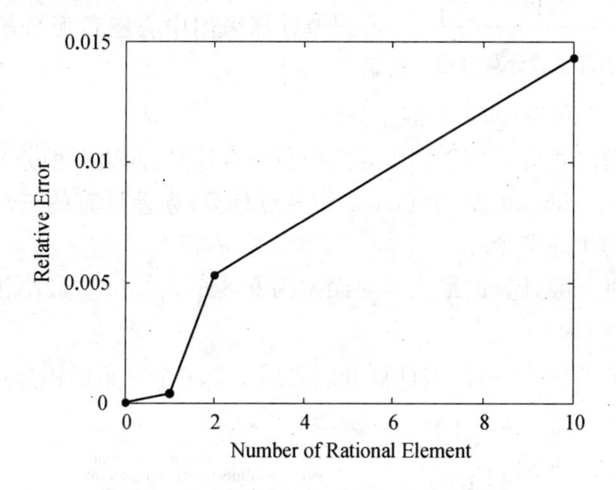

图 6.3　计算误差与有理单元个数的关系

6.4.2　积分点的数量对计算精度的影响

计算误差的主要来源为对有理单元刚度矩阵的数值积分产生的，也就是说，因为我们采用了对多项式是精确的三角形积分和四边形 Gauss 积分，这些数值积分方法对于有理函数积分是不准确的. 我们知道，在计算多项式的积分时，增加积分点的个数可以提高积分精度. 那么，对于有理函数积分，是否也是如此呢？我们仍然采用小片试验，使用不同的积分点，数值检验积分点的个数对计算精度的影响.

计算网格如图 6.4 所示，其中包含 2 个四边形单元，4 个五边形

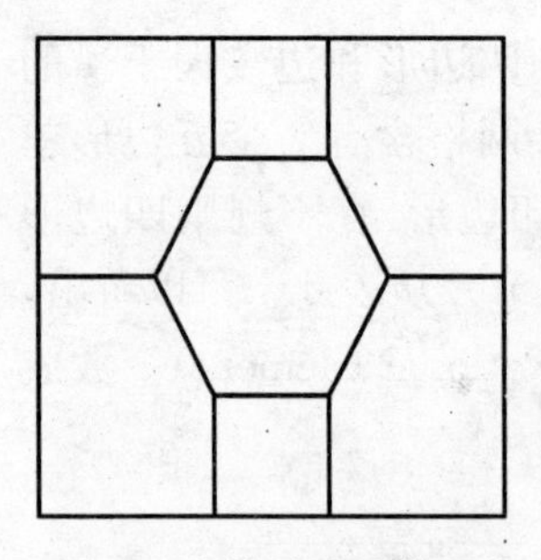

图 6.4　小片试验计算网格

单元和 1 个六边形单元.

刚度矩阵数值积分时,对多边形单元分别采用三角形-四边形混合分解、三角形分解、中心三角形分解三种方式(参见第五章第 5 节)进行计算,在三角形上采用三角形数值积分,四边形采用 Gauss 数值积分.

误差计算采用中心三角形分解单元进行数值积分.

(1) 三角形-四边形混合分解

三角形积分分别采用 1、3、7 个积分点计算,四边形积分分别采用 4、9、16、25、36、49、64 个 Gauss 积分点计算;误差计算的三角形积分点分别为 1、3、7 个.

各种方案计算的最大相对误差为 9.8417×10^{-2},最小相对误差为 9.2807×10^{-4}.

图 6.5～6.7 为误差计算分别采用 1、3、7 个三角形积分点，刚度

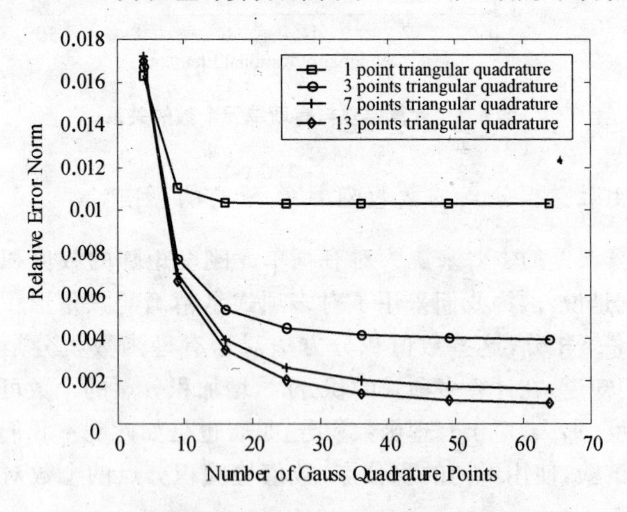

图 6.5　误差计算采用 1 个三角形积分点,刚度矩阵计算采用不同积分点的相对误差

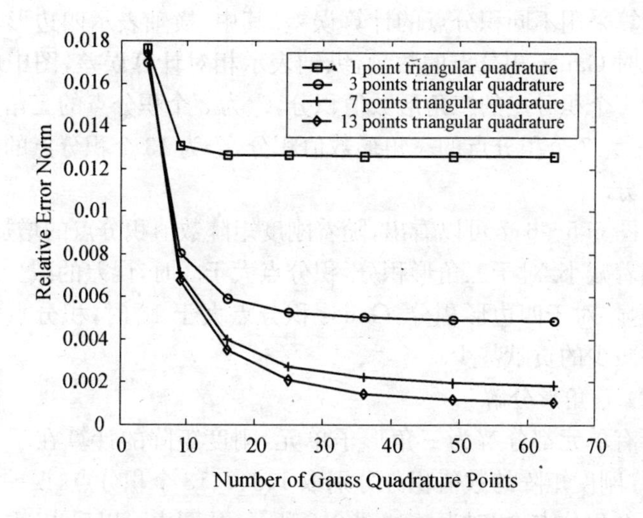

图 6.6　误差计算采用 3 个三角形积分点，刚度矩阵计算采用不同积分点的相对误差

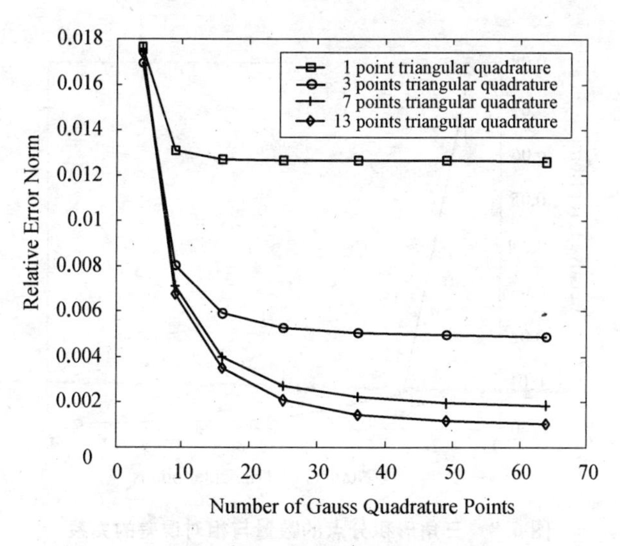

图 6.7　误差计算采用 7 个三角形积分点，刚度矩阵计算采用不同积分点的相对误差

矩阵计算采用不同积分点的计算误差. 其中,横轴表示四边形单元数值积分时 Gauss 积分点的数量,纵轴表示相对计算误差,图中曲线标有□为 1 个积分点的三角形数值积分,○为 3 个积分点的三角形数值积分,+为 7 个积分点的三角形数值积分,◇为 13 个积分点的三角形数值积分.

由图 6.5~6.7 可以看出,随着刚度矩阵数值积分点的增加,计算误差随着减小. 对于三角形积分,积分点大于 3 时,误差的减少的幅度并不明显. 对于四边形积分,Gauss 积分点大于 16 时,积分点的数量对误差减少的贡献甚少.

(2) 三角形分解

所有单元都分解为三角形子单元,刚度矩阵的计算在子三角形上进行. 刚度矩阵的数值积分分别取 1、3、7、13 个积分点,误差计算计算取 3 个积分点,相对误差如图 6.8 所示. 从图中可以看出,取 3 个积分点时,误差有明显的降低,积分点再增加,误差减少的程度并不明显.

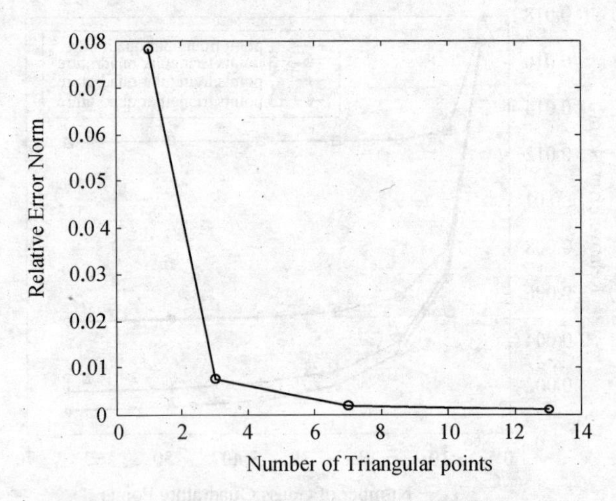

图 6.8　三角形积分点的数量与相对误差的关系

各种方案计算的最大相对误差为 7.9539×10^{-2},最小相对误差为 1.011 7×10^{-3}.

(3) 中心三角形分解

所有单元都分解为中心三角形子单元,刚度矩阵的计算在子三角形上进行.刚度矩阵的数值积分分别取 1、3、7、13 个积分点,误差计算取 3 个积分点,相对误差如图 6.9 所示.从图中可以看出,随着积分点的增加,相对误差随着减少.

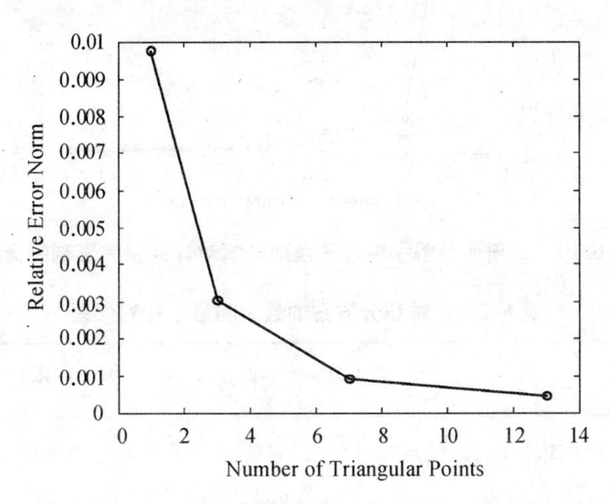

图 6.9　中心三角形分解的积分点数量与相对误差的关系

各种方案计算的最大相对误差为 5.867 2×10^{-3},最小相对误差为 7.520 3×10^{-4}.

刚度矩阵的三种不同计算方法对计算误差是有影响的.三种方案采用不同积分点所得到的最大和最小相对误差见表 6.2.三角形分解和中心三角形分解的计算误差比较如图 6.10 所示,其中标记○表示采用三角形分解方案,□表示中心三角形分解方案.

由表 6.2 可以看出,最大和最小相对误差都以中心三角形分解方案为优.三角形-四边形混合分解方案的最小相对误差尽管也达到 10^{-4}量级,但这是采用 64 个 Gauss 积分点,以提高计算量为代价的.

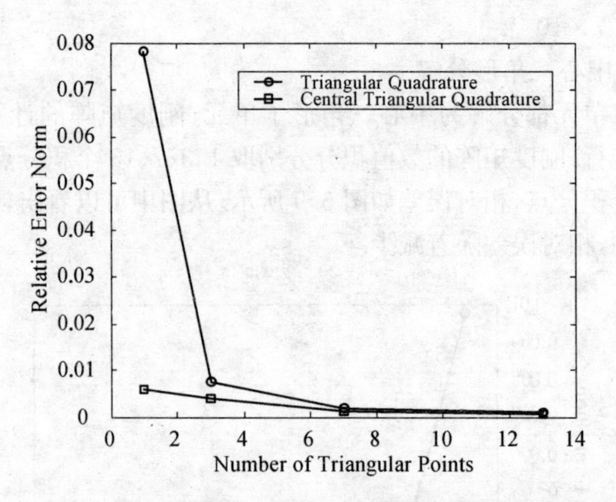

图 6.10　三角形分解和中心三角形分解对计算误差影响的比较

表 6.2　三种积分方案的最大和最小相对误差

	最大相对误差	最小相对误差
三角形-四边形混合分解	9.8417×10^{-2}	9.2807×10^{-4}
三角形分解	7.9539×10^{-2}	1.0117×10^{-3}
中心三角形分解	5.8672×10^{-3}	7.5203×10^{-4}

由图 6.10 可以看出，同样数量的积分点中心三角形方案的计算相对误差比三角形方案的计算相对误差小.

综合以上讨论，可以得出以下结论：

1）数值计算误差主要来自单元刚度矩阵中有理形函数的数值积分；

2）对于三角形单元和矩形单元，形函数退化为多项式形式，数值积分是精确的；

3）对于多边形单元，形函数为有理函数形式，数值积分是不准确的；

4）多边形划分成四边形采用 Gauss 积分，计算精度与 Gauss 点的数量并不成正比关系，当 Gauss 点大于 25 个时，增加积分点对计算精度的改善作用是不明显的；

5）多边形划分成三角形积分，计算精度随积分点数量的增加而提高. 采用 3 个积分点的三角形积分可以得到满意的精度；

6）比较三角形积分的两种划分方式，中心三角形划分的计算精度优于三角形划分的计算精度；

7）比较四边形和三角形积分方案，从计算量的大小、计算精度和程序实现的方便程度上看，中心三角形积分方案为三个积分方案中的最优方案.

6.5 数值算例

6.5.1 悬臂梁

考虑端部承受抛物载荷的悬臂梁，梁的长度为 L，高为 D，单位厚度，如图 6.11 所示.

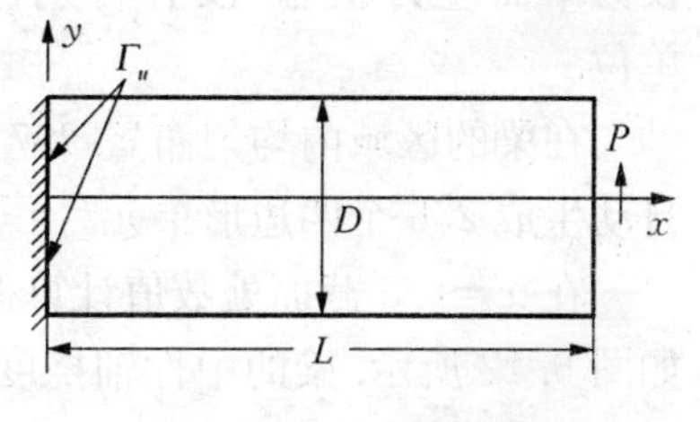

图 6.11 悬臂梁模型

其位移解析解为[174]

$$u_1(x, y) = \frac{-Py}{6EI}\left[(6L-3x)x+(2+v)y^2-\frac{3D^2}{2}(1+v)\right] \tag{6.40}$$

$$u_2(x, y) = \frac{P}{6EI}\left[3v(L-x)y^2+(3L-x)x^2\right] \tag{6.41}$$

应力为

$$\sigma_{xx}(x, y) = \frac{-P(L-x)y}{I} \tag{6.42}$$

$$\sigma_{yy}(x, y) = 0 \tag{6.43}$$

$$\tau_{xy}(x, y) = \frac{P}{2I}\left(\frac{D^2}{4} - y^2\right) \tag{6.44}$$

这里 I 为梁的截面惯性矩，对于单位厚度的矩形截面

$$I = \frac{D^3}{12} \tag{6.45}$$

在数值计算中，在梁的边界 Γ_u：$x = 0, -\frac{D}{2} \leqslant y \leqslant \frac{D}{2}$ 上给定与解析解相同的位移，在其他边界给定精确的力边界条件. 数值计算中取以下参数值 $P = 1\,000, D = 1, L = 4, E = 10^6, v = 0.3$，假设为平面应力状态. 没有特别声明，计算单位一律采用国际标准单位.

在梁的区域内均匀布置 297 个节点，由 Delaunay 多边形化技术自动生成 256 个四边形单元.

在 x=2.5 截面处数值计算得到的 x 方向位移与解析解的比较，如图 6.12 所示. 梁的中性轴挠度，计算值与准确值的比较，如图6.13 所示.

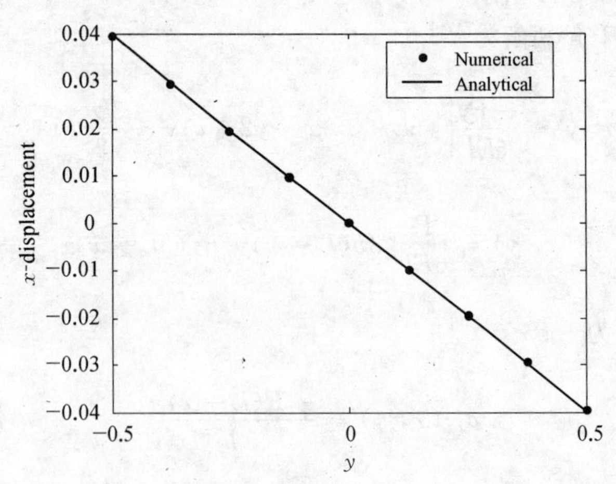

图 6.12　梁 x=2.5 截面处的 x 方向位移比较图

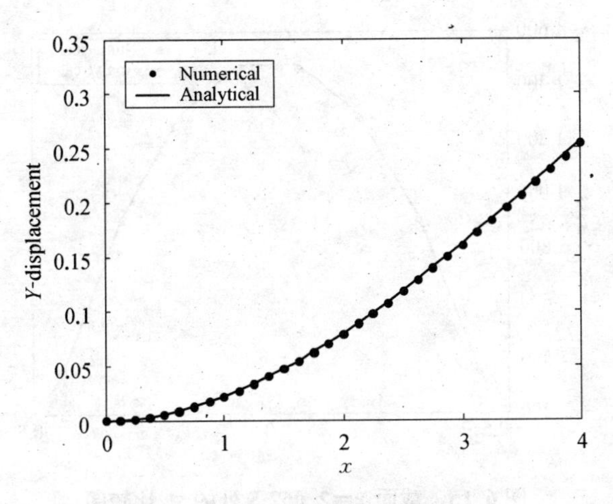

图 6.13　梁中性轴的挠度比较图

计算得到各单元形心处的应力，在截面 $x=2.0625$ 处的 σ_{xx}，τ_{xy} 分别如图 6.14～6.15 所示.

由图 6.12～6.15 可以看出，不论是位移值还是应力值，计算结果与解析解十分吻合.

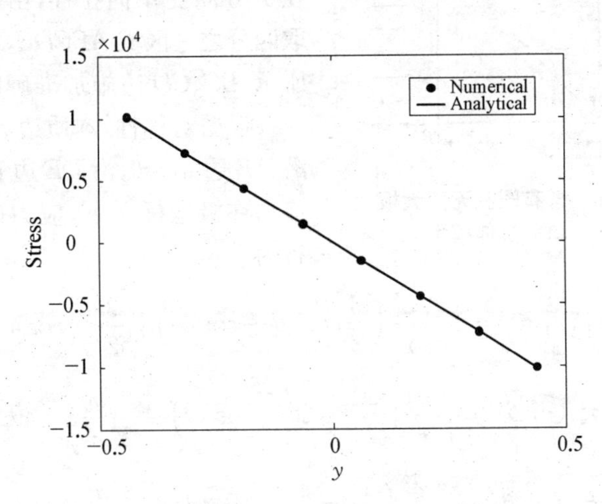

图 6.14　截面 $x=2.0625$ 处的 σ_{xx} 比较图

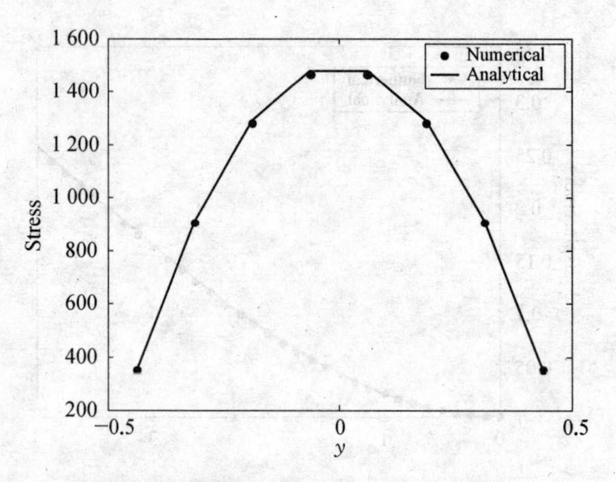

图 6.15　截面 $x=2.0625$ 处的 τ_{xy} 比较图

6.5.2　含有圆孔的无限大板

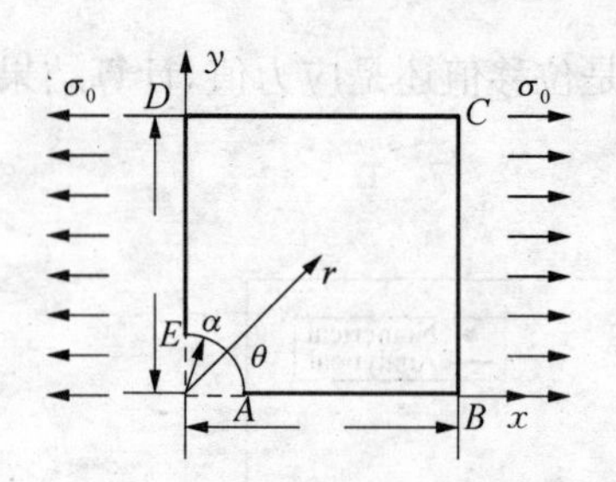

图 6.16　含有圆孔无限大板单向拉伸模型

考虑一无限大板含有一个圆孔，在圆孔的边界不受外力作用，仅在 x 方向受单向拉伸，由于对称性取四分之一区域 $ABCDE$，如图 6.16 所示. BC、CD 边施加准确的外力 $\sigma_0=1$，根据对称性，本质边界条件为：沿 AB 边 $u_2=0$，沿 DE 边 $u_1=0$.

在极坐标系下，应力的解析分布为[157]

$$\sigma_{xx}(r,\theta)=1-\frac{a^2}{r^2}\left(\frac{3}{2}\cos 2\theta+\cos 4\theta\right)+\frac{3}{2}\frac{a^4}{r^4}\cos 4\theta \quad (6.46)$$

$$\sigma_{yy}(r,\theta)=-\frac{a^2}{r^2}\left(\frac{1}{2}\cos 2\theta-\cos 4\theta\right)-\frac{3}{2}\frac{a^4}{r^4}\cos 4\theta \quad (6.47)$$

$$\tau_{xy}(r,\theta)=-\frac{a^2}{r^2}\left(\frac{1}{2}\sin 2\theta+\sin 4\theta\right)+\frac{3}{2}\frac{a^4}{r^4}\sin 4\theta \quad (6.48)$$

位移解析解为

$$u_1(r,\ \theta)=\frac{a}{8\mu}\left[\frac{r}{a}(\kappa+1)\cos\theta+2\frac{a}{r}((1+\kappa)\cos\theta+\cos3\theta)-2\frac{a^3}{r^3}\cos3\theta\right] \tag{6.49}$$

$$u_2(r,\ \theta)=\frac{a}{8\mu}\left[\frac{r}{a}(\kappa-3)\sin\theta+2\frac{a}{r}((1-\kappa)\sin\theta+\sin3\theta)-2\frac{a^3}{r^3}\sin3\theta\right] \tag{6.50}$$

这里,μ 是剪切模量,ν 是 Poisson 比,常数 κ(Kolosov 常数)定义为

$$\kappa=\begin{cases}3-4\nu, & \text{平面应变}\\ \dfrac{3-\nu}{1+\nu}, & \text{平面应力}\end{cases} \tag{6.51}$$

在有理单元法计算过程中,有关参数取 $L=10, a=1, E=10^6$, $\nu=0.3, \sigma_0=1$. 假设为平面应力状态.

在区域内布置 207 个节点,由 Delaunay 多边形化技术自动生成 201 个单元的非结构(Non-Structure)网格. 节点分布和网格如图 6.17~6.18 所示.

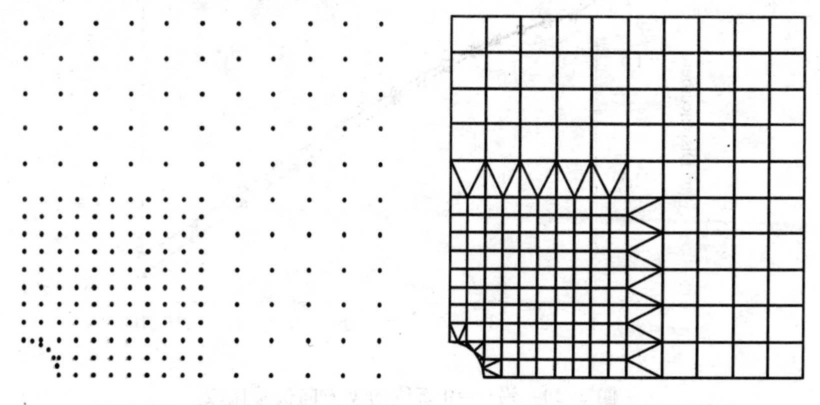

图 6.17　节点分布图　　**图 6.18　计算网格图**

计算沿 $y=0$ 和 $x=0$ 两条线上节点的位移与解析解的比较，如图 6.19～6.20 所示. 计算的位移相对误差为 4.5141×10^{-3}.

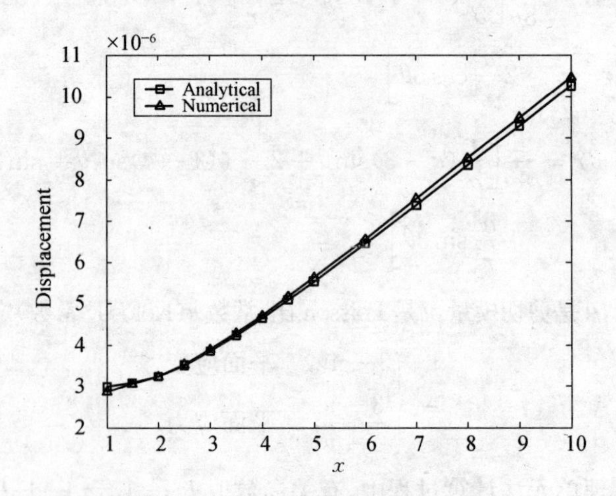

图 6.19　沿 $y=0$ 直线的 x 方向位移比较

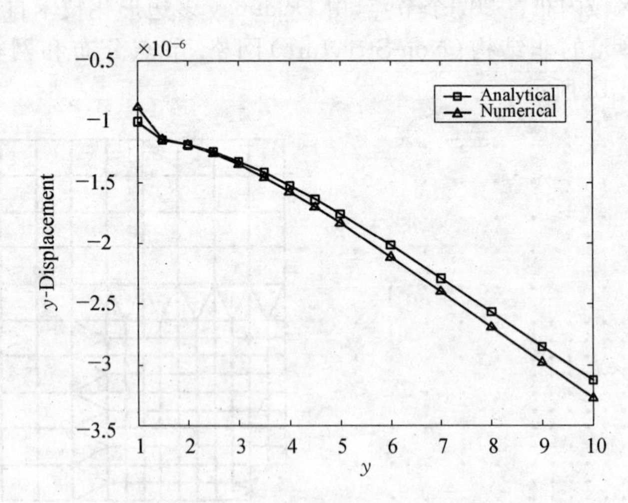

图 6.20　沿 $x=0$ 直线的 y 方向位移比较

从图 6.19～6.20 可以看出，计算的位移值与解析解相比，基本吻合.

沿直线 $x=0$ 应力 σ_{xx} 的计算值与解析值比较如图 6.21 所示. 本算例计算得到的圆孔边界 E 处的应力集中因子为 2.562，精确值为 3. 从图 6.21 可以看出，有理单元法可以反映应力集中因子的变化趋势.

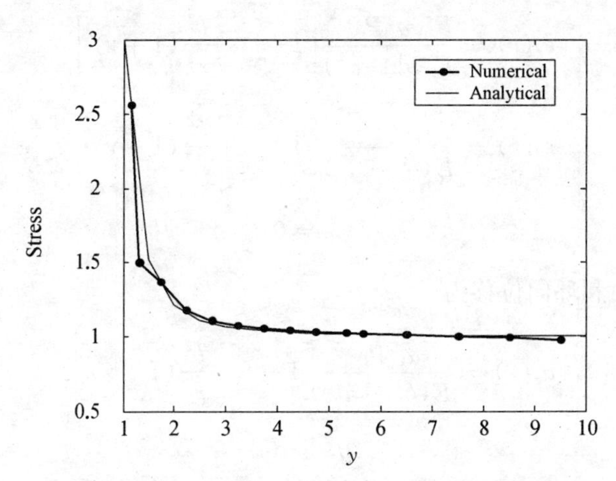

图 6.21　沿 $x=0$ 直线的应力 σ_{xx} 计算值与解析解比较

6.5.3　受内压的中空圆柱体

考虑一个承受内压、内外半径分别为 a 和 b 的中空圆柱，在内表面($r=a$)承受均匀压力 P，外表面($r=b$)自由，如图 6.22 所示.

在极坐标系下，应力的解析解为[174]

$$\sigma_r(r) = \frac{a^2 P}{b^2 - a^2}\left(1 - \frac{b^2}{r^2}\right) \tag{6.52}$$

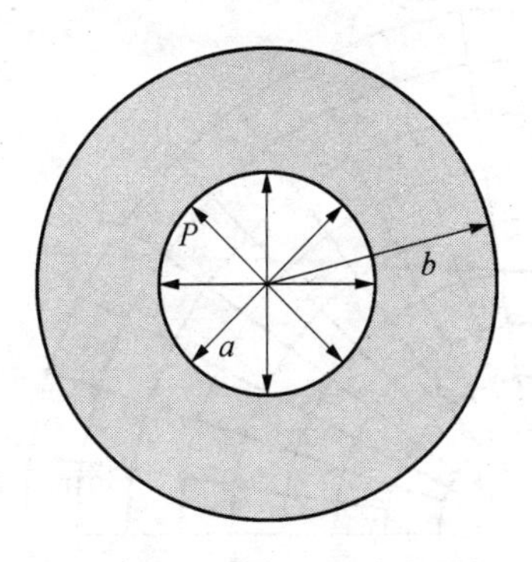

图 6.22　承受内压的中空圆柱

$$\sigma_\theta(r) = \frac{a^2 P}{b^2 - a^2}\left(1 + \frac{b^2}{r^2}\right) \tag{6.53}$$

$$\sigma_{r\theta} = 0 \tag{6.54}$$

在平面应力条件下,小应变张量为

$$\varepsilon_r(r) = \frac{a^2 P}{E(b^2 - a^2)}\left[1 - \nu - \frac{b^2}{r^2}(1 + \nu)\right] \tag{6.55}$$

$$\varepsilon_\theta(r) = \frac{a^2 P}{E(b^2 - a^2)}\left[1 - \nu + \frac{b^2}{r^2}(1 + \nu)\right] \tag{6.56}$$

$$\varepsilon_{r\theta} = 0 \tag{6.57}$$

径向和环向位移为

$$u_r(r) = \frac{a^2 Pr}{E(b^2 - a^2)}\left[1 - \nu + \frac{b^2}{r^2}(1 + \nu)\right] \tag{6.58}$$

$$u_\theta = 0 \tag{6.59}$$

在数值计算过程中,参数取以下值: $a = 1$, $b = 5$, $P = 30\,000$, $E = 10^6$, $\nu = 0.25$, 并作平面应力假定. 由对称性取四分之一区域计算,在计算区域布置 99 个节点,由 Delaunay 多边形化技术自动生成的计算网格,如图 6.23 所示.

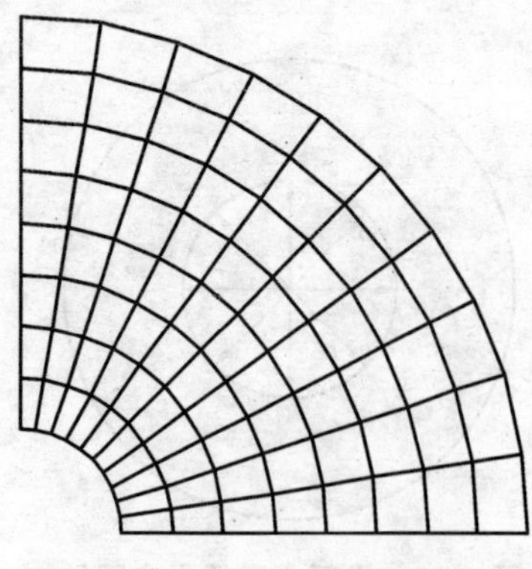

图 6.23 Delaunay 多边形化网格

径向位移计算值与解析值的比较,如图 6.24 所示. 径向应力和环向应力计算值与解析值的比较,如图 6.25～6.26 所示. 由图 6.24～6.26 可以看出,有理单元法计算的结果与解析解十分吻合,计算的相对误差为 0.014 5.

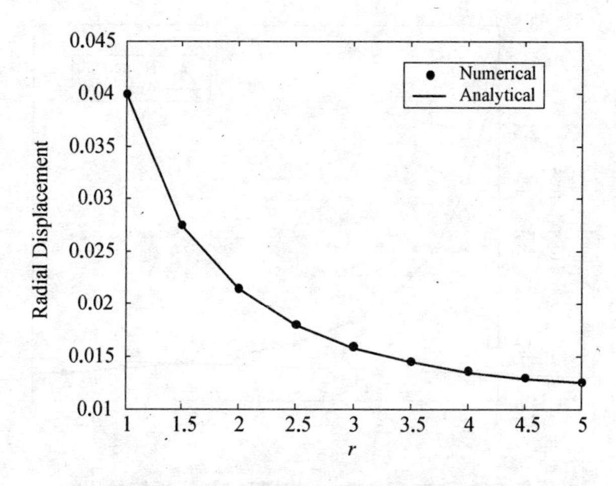

图 6.24　径向位移的计算值与解析值比较

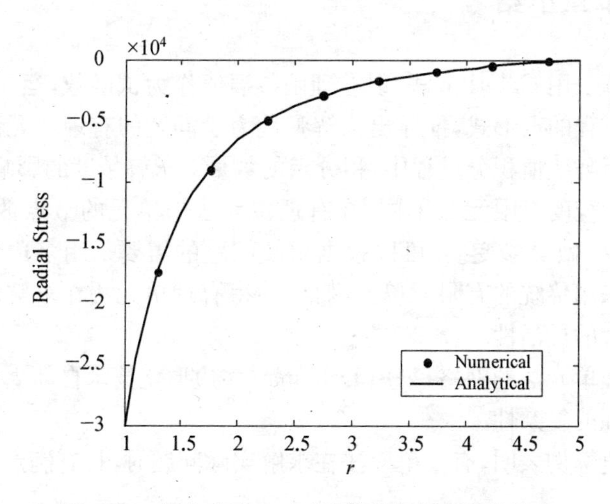

图 6.25　径向应力 $\sigma_{rr}(r)$ 计算值与解析值的比较

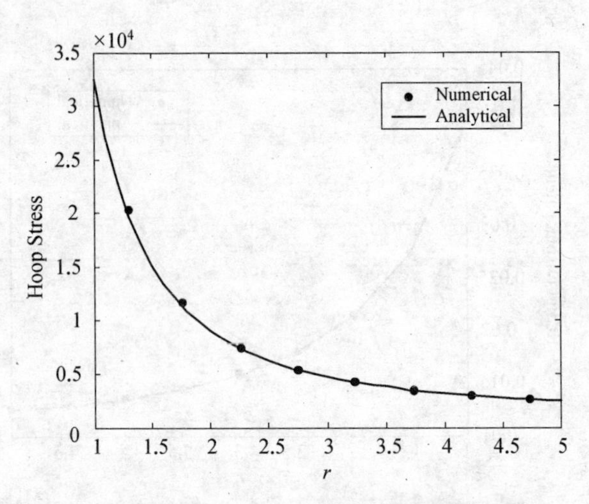

图 6.26　环向应力 $\sigma_{\theta\theta}(r)$ 计算值与解析值的比较

6.6　本章小结

本章采用 Galerkin 法，以有理函数插值作为试函数，运用弹性力学微分方程的弱形式，推导出求解弹性力学问题的有理单元法. 讨论了刚度矩阵数值积分过程中，积分点的数量对求解精度的影响.

与传统的有限元法不同，在有理单元法中单元的节点数不受限制，不需要做等参变换. 可以根据求解问题的需要采用多边形单元，也可以采用传统的有限元单元网格. 使得有理单元法在求解问题时，具有极大的灵活性.

有理单元法的网格，采用 Delaunay 多边形化技术自动生成，减少了前处理的复杂性.

数值算例表明，有理单元法在求解实际问题时，具有满意的精度.

第七章 非均质材料的有理单元法模拟

7.1 引言

为实现一定的工程目的，非均质材料在工程实际中广泛使用，例如各种复合材料、焊接材料和混凝土材料等．材料的不均匀性，在有的情况下是有利的，例如颗粒增强复合材料和纤维增强复合材料，其可以提高材料的强度；在有的情况下是有害的，例如采用焊接技术加工的材料，在焊接区出现夹杂和孔洞，将影响材料的使用性能．

非均质材料的力学性能分析常采用数值方法，例如传统的有限元方法(FEM)[3~4, 202]、Voronoi 单胞有限元法(VCFEM)[5~6, 108~128]、杂交多边形单元法(HPE)[7~8, 129~130]和多相单元法(Multiphase Element Method, MEM)[203~204]等．

传统有限元法模拟非均质材料，一般采用等效平均法，就是先将材料进行均匀化处理，得到等效材料的材料常数，进行数值模拟，这是一种常用的数值模拟方法，但是其无法得到材料的细观性能．为得到材料准确细观性能，传统有限元法需要划分稠密的网格，这极大地增加了计算工作量．

VCFEM 和 HPE 由于采用多边形单元，相比传统有限元法，在计算量上有了极大的减少，但是 VCFEM 和 HPE 是一种杂交有限元法，VCFEM 的求解精度依赖于应力模式的假设[5]，HPE 依赖于弹性力学的经典解[126]，在实际应用中是不很方便的．

多相单元法采用 Gauss 点的位置判断不同的材料区域，使得方法复杂化.

本章利用第六章推导的有理单元法模拟非均质材料. 对于形状不规则的增强相或夹杂,采用多边形进行逼近,构造出模拟区域的多边形网格进行模拟. 这样对于同样数量的节点,有理单元法的单元数量要比传统有限元法的单元数量少,提高了计算效率. 同时有理单元法的计算程序与传统有限元相似,将传统有限元法的计算程序加以简单的改写,即可适用于有理单元法.

本章安排如下,第 2 节求解一个双材料边值问题,验证有理单元法在非均质材料模拟过程中的有效性;第 3 节模拟含有弹性夹杂(增强相)的复合材料;最后是本章的小结.

7.2 双材料边值问题

设有一个由两种材料构成圆盘 $\Omega = \Omega_1 \cup \Omega_2$,如图 7.1 所示.

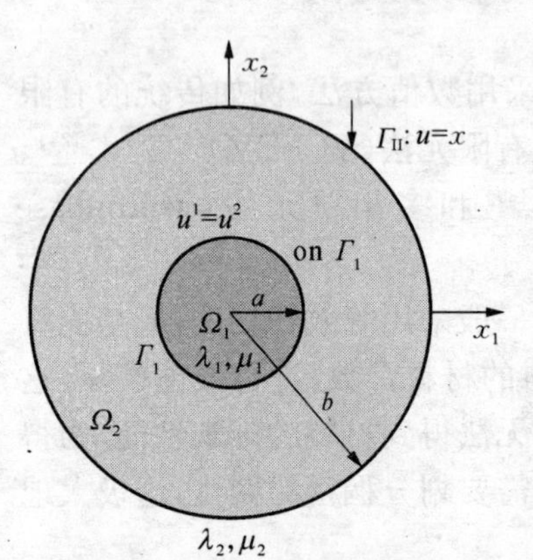

图 7.1 双材料边值问题

材料常数在两个区域 Ω_1, Ω_2 是常数,但是在材料界面 $\Gamma_{\mathrm{I}}(r=a)$是不连续的. Lame 常数在区域 Ω_1 为 $\lambda_1 = \mu_1 = 0.4$,在区域 Ω_2 为 $\lambda_2 = 5.769\,2$, $\mu_2 = 3.846\,1$,这相当于 $E_1 = 1$, $\nu_1 = 0.25$ 和 $E_2 = 10$, $\nu_2 = 0.3$.

在边界 $\Gamma_{\mathrm{II}}\,(r = b)$ 上施加线性位移场: $u_1 = x_1$, $u_2 = x_2$ ($u_r = r$, $u_\theta = 0$).

在极坐标系下 Navier 方程简化为

$$\frac{\mathrm{d}}{\mathrm{d}r}\left[\frac{1}{r}\frac{\mathrm{d}}{\mathrm{d}r}(ru_r)\right] = 0 \tag{7.1}$$

考虑到在材料界面上位移和应力的连续性,精确的位移解为[202]

$$u_r(r)=\begin{cases}\left[\left(1-\dfrac{b^2}{a^2}\right)\alpha+\dfrac{b^2}{a^2}\right]r, & 0\leqslant r\leqslant a\\ \left(r-\dfrac{b^2}{r}\right)\alpha+\dfrac{b^2}{r}, & a\leqslant r\leqslant b\end{cases}\tag{7.2}$$

$$u_\theta=0\tag{7.3}$$

这里

$$\alpha=\frac{(\lambda_1+\mu_1+\mu_2)b^2}{(\lambda_2+\mu_2)a^2+(\lambda_1+\mu_1)(b^2-a^2)+\mu_2 b^2}\tag{7.4}$$

径向 ε_{rr} 和环向 $\varepsilon_{\theta\theta}$ 应变为

$$\varepsilon_{rr}(r)=\begin{cases}\left(1-\dfrac{b^2}{a^2}\right)\alpha+\dfrac{b^2}{a^2}, & 0\leqslant r\leqslant a\\ \left(r+\dfrac{b^2}{r^2}\right)\alpha-\dfrac{b^2}{r^2}, & a\leqslant r\leqslant b\end{cases}\tag{7.5}$$

$$\varepsilon_{\theta\theta}(r)=\begin{cases}\left(1-\dfrac{b^2}{a^2}\right)\alpha+\dfrac{b^2}{a^2}, & 0\leqslant r\leqslant a\\ \left(r-\dfrac{b^2}{r^2}\right)\alpha+\dfrac{b^2}{r^2}, & a\leqslant r\leqslant b\end{cases}\tag{7.6}$$

径向 σ_{rr} 和环向 $\sigma_{\theta\theta}$ 应力为

$$\sigma_{rr}(r)=2\mu\varepsilon_{rr}+\lambda(\varepsilon_{rr}+\varepsilon_{\theta\theta})\tag{7.7}$$

$$\sigma_{\theta\theta}(r)=2\mu\varepsilon_{\theta\theta}+\lambda(\varepsilon_{rr}+\varepsilon_{\theta\theta})\tag{7.8}$$

剪应力和剪应变为零.

在数值计算过程中,取 $a=0.2$,$b=2$. 在区域边界 $r=b$ 按(7.7)式施加精确的力边界条件.

在计算模型区域内布置 400 个节点,节点的分布情况,如图 7.2 所示,其中在材料界面和区域边界上均匀布置 40 个节点. 计算网格由 Delaunay 多边形化技术自动生成(参见本文第四章),使得材料区域

Ω_1 构成一个正四十边形单元，如图 7.3 所示．计算模型包含 361 个单元，其中四边形单元 360 个，四十边形单元 1 个．

图 7.2　双材料模型的节点分布示意图　　　图 7.3　双材料模型的计算网格

本算例的相对误差为 0.012 8．计算的径向位移场分布与解析位移场分布的比较如图 7.4 所示．从图 7.4 可以看出，计算的位移值与解析值是十分吻合的，说明有理单元法在数值计算方面具有极好的精度．

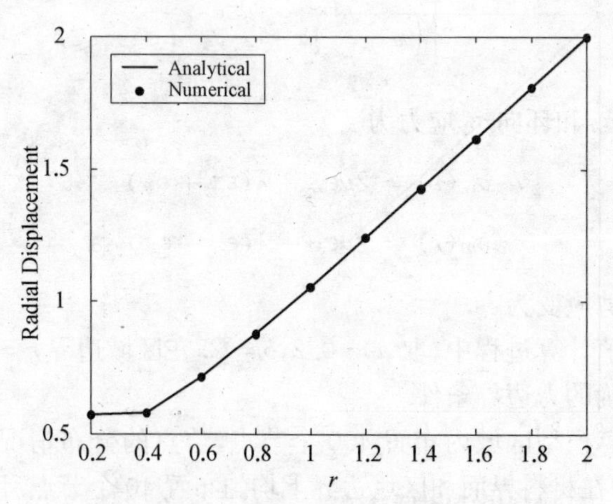

图 7.4　径向位移计算值与解析值的比较

7.3 含有弹性夹杂的复合材料

考虑含有弹性夹杂的复合材料，材料区域为单位正方形，其中含有一个圆形夹杂，夹杂不在材料区域的中心，夹杂的中心位于(0.8, 0.3)处，如图 7.5 所示.

在数值计算时，取以下参数值：基体弹性常数为 $E_1 = 10^6$，$\nu_1 = 0.25$，夹杂的弹性常数为 $E_2 = 10^8$，$\nu_2 = 0.3$，夹杂的半径取 0.05，外力 $\sigma_0 = 3\ 000$.

在材料区域布置 442 个节点，其中在夹杂与基体的界面上布置 10 个节点，节点的分布如图 7.6 所示.

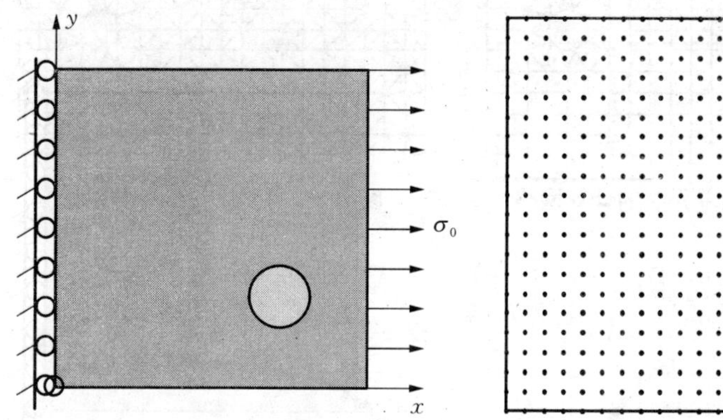

图 7.5 含有夹杂的复合材料板计算模型

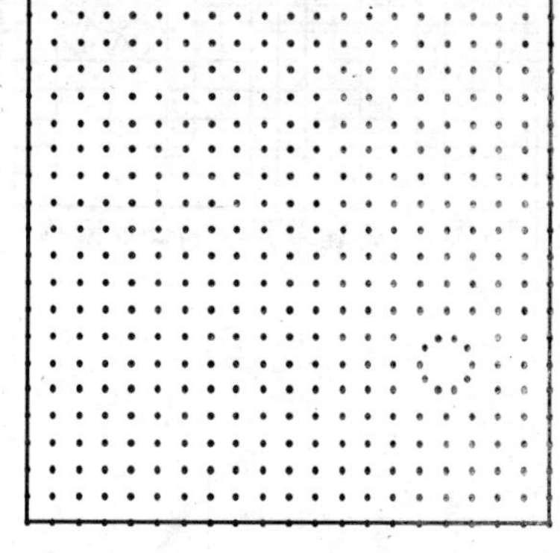

图 7.6 节点分布示意图

由 Delaunay 多边形化技术，自动生成 411 个单元，其中 26 个三角形单元、384 个四边形单元和 1 个十边形单元. 为比较对同样的节点分布采用三角形线性单元进行有限元计算，有限元计算网格由 Delaunay 三角化生成，共有 802 个三角形单元. 有理单元法的计算网格和有限元法的计算网格分别如图 7.7～7.8 所示.

有理单元法的计算时间为 14.4 s，有限元法的计算时间为26.1 s.

有理单元法和有限元法计算得到的板的变形情况比较如图

7.9～7.12 所示.图 7.9 为在 $x=1$ 截面上 x 方向位移,即板的拉伸位移;图 7.10 为在 $y=1$ 截面上 y 方向的位移,也就是板的收缩位移;图 7.11 为在 $x=0.7$ 截面上 x 方向位移;图 7.12 为在 $y=0.4$ 截面上 y 方向的位移;图中标有・的为有理单元法(REM)的计算结果;标有＋的为传统有限元法(FEM)的计算结果.

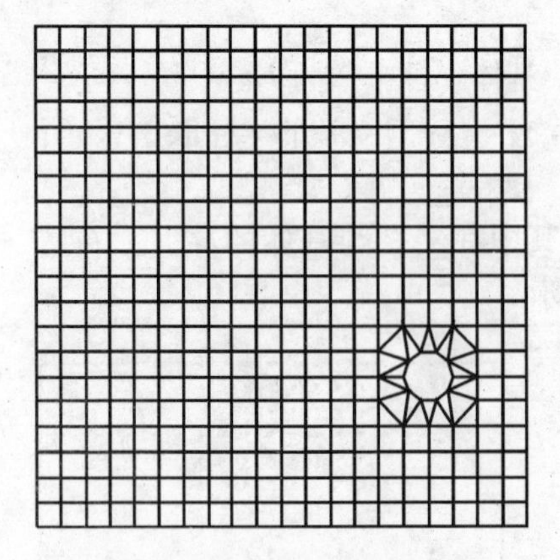

图 7.7　有理单元法的计算网格

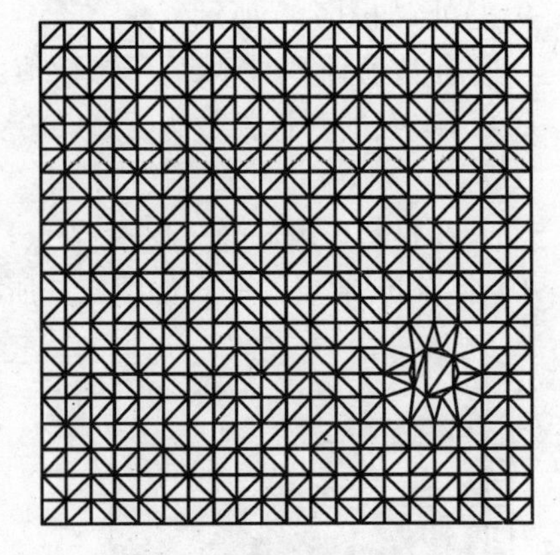

图 7.8　有限元法的计算网格

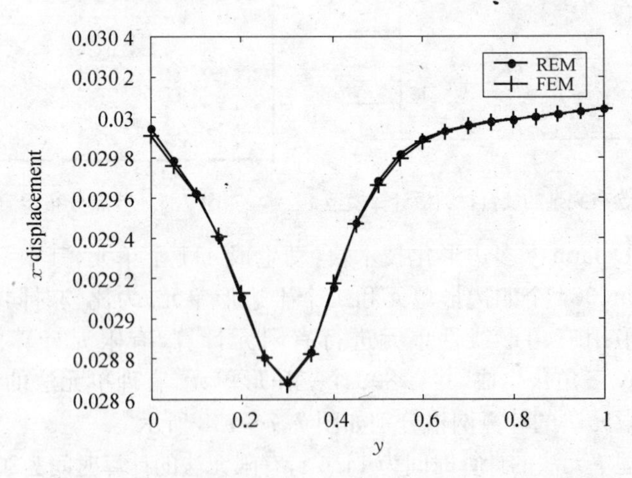

图 7.9　在 $x=1$ 截面上 REM 和 FEM 计算的 x 方向位移比较

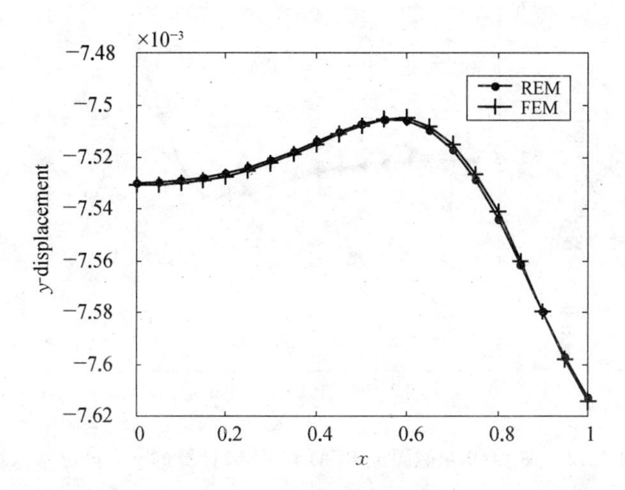

图 7.10　在 $y=1$ 截面上 REM 和 FEM 计算的 y 方向位移比较

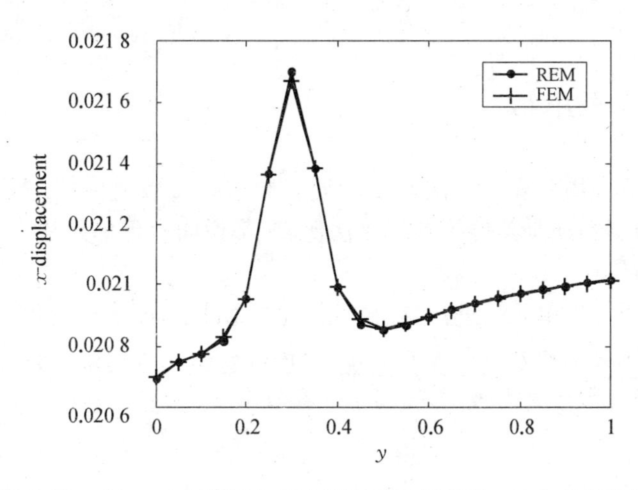

图 7.11　在 $x=0.7$ 截面上 REM 和 FEM 计算的 x 方向位移比较

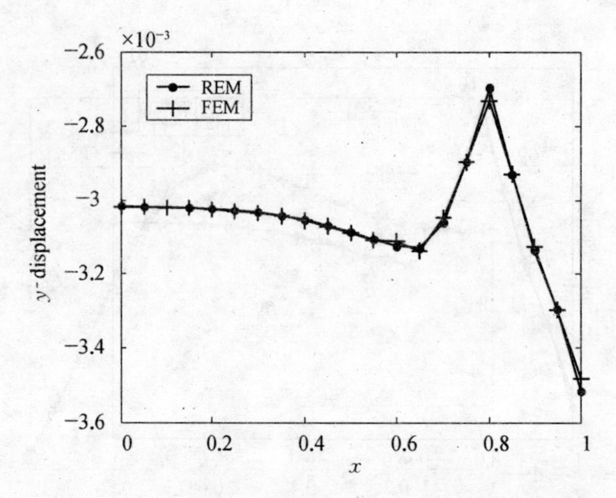

图 7.12　在 $y=0.4$ 截面上 REM 和 FEM 计算的 y 方向位移比较

由图 7.9～7.12 可以看出，有理单元法计算的结果与传统有限元法计算的结果十分吻合. 同时也可以看出，夹杂的存在对板的位移有显著影响.

7.4　本章小结

本章利用有理单元法对非均质材料进行了数值模拟. 不论是与解析解比较，还是与传统有限元法比较，都说明有理单元法具有很好的计算精度.

利用有理单元法进行数值模拟，配合 Delaunay 多边形化技术，在夹杂区域自动划分为多边形单元，与传统有限元法相比，同样数量的节点，单元数量大为减少，提高了计算效率.

第八章 结论与展望

8.1 结论

根据材料的细观结构将非均质材料区域化分成多边形单元,可以方便有效地模拟非均质材料的细观性能.本文以在多边形单元上难以构造满足协调性要求的多项式位移试函数为研究背景,组合Shepard插值的逆距离权思想和自然邻点插值考虑节点分布的思想,采用几何的方法在多边形单元上,直接构造出有理函数形式的插值函数.进而利用构造出的有理函数插值,建立了求解偏微分方程的新型数值方法——有理单元法.

本文研究主要取得以下创新成果:

1) 采用几何的方法构造出多边单元上的有理函数插值.证明了多边形单元上有理函数插值的有关性质.给出了有理函数插值的计算代数表达式和计算流程,利用该表达式可以方便地编写计算程序.构造的有理函数插值与Shepard型插值相比,考虑了平面节点分布对插值的影响;与自然邻点Laplace插值相比,不需要进行自然邻点的寻找;与Wachspress型插值相比,不含有待定参数,方便程序的编写;在三角形单元和矩形单元,有理函数插值等价于传统有限元的三角形面积坐标插值和四边形双线性插值;有理函数插值在多边形单元上是直接构造,不需等参变换处理.

2) 对圆形区域上的曲面利用有理函数插值进行重构.利用区域边界有限个点的信息重构曲面,算例表明有理函数插值得到的重构曲面,能够很好地反映出真实曲面的特征.

3) 将构造出的有理函数插值应用于凸区域温度场分布的插值近

似.利用区域边界点的温度值,采用有理函数插值得到区域内部点的温度近似值.有理函数插值得到的温度场近似分布在区域内温度梯度是连续的,克服了传统有限元插值由于在区域内布点造成的区域内温度梯度不连续性的缺陷.数值算例表明,有理函数插值得到的温度场近似分布,能够很好地反映真实温度场分布的特点.

4）采用几何的方法构造出多边形单元上有理函数形式的混合函数,建立了多边形单元上的有理超限插值格式,进而得到四边形单元上的有理Coons曲面片.给出了有理混合函数的计算表达式.与传统Coons插值的线性混合函数不同,有理Coons插值的混合函数是非线性的,在曲面重构过程中这将有助于反映复杂曲面的特征.数值算例表明,对于复杂曲面,有理Coons插值重构的曲面比传统的Coons插值更准确反映出真实曲面的特征.

5）将有理Coons插值应用于矩形区域上温度场分布的插值近似,改进了有理函数插值在矩形区域温度场分布插值近似过程中,局部区域精度较差的缺陷.数值算例表明,对于凸域上温度场分布的插值近似,有理函数插值适合于圆形区域,有理Coons插值适合于矩形区域.

6）将Delaunay三角化网格生成方法推广到Delaunay多边形化,提出Delaunay多边形化网格自动生成技术.对于给定的节点分布,由Delaunay多边形化网格自动生成技术,可以自动生成计算区域的多边形单元网格.Delaunay多边形化网格自动生成技术使得复杂区域的网格划分非常灵活方便.算例表明,Delaunay多边形化网格自动生成技术不但能生成多边形的单元网格,而且能够生成传统有限元的三角形/四边形计算网格.

7）以多边形单元上的有理函数插值作为试函数,采用加权残数法建立了求解势问题偏微分方程的新型数值方法——有理单元法.讨论了有理单元法计算误差的主要来源.给出了三种不同的数值积分方案,讨论了三种数值积分方案对计算误差的影响,由此确定了一种使计算误差最小的积分方案——中心三角形积分方案.数值算例表明,有理单元法求解温度场分布问题具有令人满意的精度.

8) 以多边形单元上的有理函数插值作为试函数,采用 Galerkin 法建立了求解弹性力学问题的有理单元法.讨论了积分点的数量对计算精度的影响,给出了有理单元法数值积分的优化方案.数值算例表明,有理单元法在求解弹性力学问题时,不论是位移还是应力都有较高的精度.

9) 利用有理单元法对非均质材料进行了数值模拟.通过在材料界面布置节点,由 Delaunay 多边形化技术自动在圆形夹杂区域生成多边形单元.与传统有限元法相比,同样的节点数量单元数减少,从而减少了计算的时间.

总之,基于多边形单元有理函数插值的有理单元法,由于采用多边形单元,使得区域网格划分更加灵活,克服了传统有限元法对多边形单元难以构造满足协调性要求的多项式形式位移插值的难题.有理单元法在非均质材料的数值模拟中具有较大的优势.

8.2 展望

有理单元法作为一种新型求解偏微分方程的数值方法,还有很多问题有待进一步研究.

有理单元法的前处理过程——多边形网格剖分问题,有待于进一步研究.

有理单元法的误差估计理论.由于有理单元法的试函数是有理函数形式,传统有限元法中关于多项式插值的误差估计理论不再适用,必须建立新的关于多变量有理函数插值的误差估计理论.

有理单元法的计算误差很大一部分来源于数值积分的不准确性,而传统的数值积分格式是针对多项式的,因此专门针对有理函数的数值积分格式,是一个需要研究的问题.

有理单元法在动力学、弹塑性力学以及非线性问题中的应用研究.

三维有理单元法的研究.

参考文献

1 Christopher R Johnson. *Advanced Methods in Scientific Computing*. Computer Science 6220, University of Utah, Spring Semester 2002, 13－26

2 郑宝文. 纳米材料半连续力学模型及其力学性能分析. 硕士学位论文,上海大学,2004

3 Leon L Mishnaevsky Jr, Siegfried Schmauder. Continuum mesomechanical finite element modeling in materials development: A state-of-the-art review. *Appl. Mech. Rev.*, 2001, **54**(1): 49－68

4 Leon L Mishnaevsky Jr, Siegfried Schmauder. 陈少华译. 在材料研制中的连续介质细观力学有限元建模现状评论. 力学进展, 2002, **32**(3): 444－466

5 Ghosh S, Mallett R L. Voronoi cell finite elements. *Computers & Structures*, 1994, **50**(1): 33－46

6 Ghosh S, Moorthy S. Elastic-plastic analysis of arbitrary heterogeneous materials with the Voronoi cell finite element method. *Comput. Methods Appl. Mech. Engrg*, 1995, **121**: 373－409

7 Zhang J, Katsube N. A hybrid finite element method for heterogeneous materials with randomly dispersed elastic inclusions. *Finite Elements in Analysis and Design*, 1995, **19**: 45－55

8 Zhang J, Dong P. A hybrid polygonal element method for fracture mechanics analysis of resistance spot welds containing

porosity. *Engineering Fracture Mechanics*, 1998, **59**(6): 815-825

9 倪明田,吴良芝. 计算机图形学. 北京:北京大学出版社,1999, 194-264

10 Gautam Dasgupta, Elisabeth Anna Malsch. Boundary element color interpolation for instrumentation, imaging and internet graphics industries. *Engineering Analysis with Boundary Elements*, 2002, **26**(5): 379-389

11 王德人,杨忠华. 数值逼近引论. 北京:高等教育出版社,1990, 148-149

12 王仁宏,朱功勤. 有理函数逼近及其应用. 北京:科学出版社,2004

13 Meijering E. A chronology of interpolation: From ancient astronomy to modern signal and image processing. *Proceeding of the IEEE*, 2002, **90**(3): 319-342

14 Quarteroni A, Valli A. *Numerical approximation of Partial differential equations*. Berlin: Springer-Verlag 1994, 北京:世界图书出版公司翻印,1998

15 王勖成,邵 敏. 有限单元法基本原理和数值方法. 第二版. 北京:清华大学出版社,1997

16 李开泰,黄艾香,黄庆怀. 有限元方法及其应用——方法构造和数学基础. 西安:西安交通大学出版社,1984

17 刘正兴,孙 雁,王国庆. 计算固体力学. 上海:上海交通大学出版社,2000

18 Liu Chaoyang. Theory and application of convex curves and surfaces in CAGD. *Dissertation*, University of Twente, 2001

19 吕勇刚. CAGD 自由曲线曲面造型中均匀样条的研究. 博士学位论文,浙江大学,2002

20 Agma J M Traina, Afonso H M A Prado, Josiane M Buero. 3D

reconstruction of tomographic images applied to largely spaced slices. *Journal of Medical System*, 1997, **21**(6): 353 - 367

21 Mohammad M A Khan. Coding of Excitation Signals In a Waveform Interpolation Speech Coder. *Dissertation*, McGill University, 2001

22 Isaac Amidror. Scattered data interpolation methods for electronic imaging systems: a survey. *Journal of Electronic Imaging*, 2002, **11**(2): 157 - 176

23 Bin Li. Spatial interpolation of weather variables using artificial neural networks. *Dissertation*, The University of Georgia, 2002

24 Goncalves G, Julien P, Riazanoff S, *et al*. Preserving cartographic quality in DTM interpolation from contour lines. *ISPRS Journal of Photogrammetry & Remote Sensing*, 2002, **56**: 210 - 220

25 Mariano Gasca, Thomas Sauer. On the history of multivariate polynomial interpolation. *Journal of Computational and Applied Mathematics*, 2000, **122**: 23 - 25

26 Lorentz R A. Multivariate Hermite interpolation by algebraic polynomial: A Survey. *Journal of Computational and Applied Mathematics*, 2000, **122**: 167 - 201

27 Shepard D. A two-dimensional interpolation function for irregular surface. *Proceedings of the 23rd ACM National Conference, ACM*, 1968, NY, 517 - 524

28 Sibson R. A vector identity for the Dirichlet tessellation. *Math. Proc. Cambridge Philos. Soc.*, 1980, **87**: 151 - 155

29 Eugene L Wachspress. *A rational finite element basis*. New York: Academic Press, Inc., 1975

30 Gordon W J, Wixom J A. Shepard's method of "metric

interpolation" to bivariate and multivariate interpolation. *Math. Comput.*, 1978, **32**(141): 253 - 264

31 Franke R. Scattered data interpolation: tests of some methods. *Math. Comput.* 1982, **38**: 181 - 200

32 Renka R J. Multivariate interpolation of large sets of scattered data. *ACM Trans. Math. Softw.* 1988, **14**(2): 139 - 148

33 Alfeld P. Scattered data interpolation in three or more variables. In: T Lyche and L L Schumaker, Eds. *Mathematical Methods in Computer Aided Geometric Design*, Academic, New York, 1989, 1 - 33

34 Watson D F. Contouring: A Guide to the Analysis and Display of Spatial Data. *Pergamon*: Oxford, 1992.

35 Sibson R. A brief description of natural neighbour interpolation. In: V. Barnett Ed. *Interpreting Multivariate Data*, John Wiley, Chichester 1981, 21 - 36

36 Semenov A Y, Belikov V V. New non-Sibsonian interpolation on arbitrary system of points in Euclidean space. In: Sydow A. ed. *15th IMACS World Congress*. 24 - 29 August, 1997, Berlin, Germany, *Proceedings Vol. 2*, *Numerical Mathematics*, Wissen. Techn. Verlag, 1997, 237 - 242

37 Belikov V V, Ivanov V D, Kontorovich V K, *et al*. The non-Sibson interpolation: A new method of interpolation of the values of a function on an arbitrary set of points. *Computational Mathematics and Mathematical Physics*, 1997, **37**(1): 9 - 15

38 Belikov V V, Semenov A Y. Non-Sibsonian interpolation on arbitray system of points in Euclidean space and adaptive isolines generation. *Applied Numerical Mathematics*, 2000, **32**: 371 - 387

39 Kokichi Sugihara. Surface interpolation based on new local coordinates. *Computer-Aided Design*, 1999, **31**: 51-58

40 Hisamoto Hiyoshi, Kokichi Sugihara. Two generalizations of an interpolant based Voronoi diagrams. *International Journal of Shape Modeling*, 1999, **5**(2): 219-231

41 Hisamoto Hiyoshi. Study on interpolation based on Voronoi diagrams. *Dissertation*, University of Tokyo, Tokyo, 2000

42 Hisamoto Hiyoshi, Kokichi Sugihara. Improving continuity of Voronoi-based interpolation over Delaunay spheres. *Computational Geometry*, 2002, **22**: 167-183

43 Watson D F, Philip G M. Neighborhood-based interpolation. *Geobyte*. 1987, **2**(2): 12-16

44 Watson D F. Natural neighbor sorting on the N-dimensional sphere. *Pattern Recognition*, 1988, **21**(1): 63-67

45 Farin G. Surface over Dirichlet tessellation. *Computer Aided Geometry Design*. 1990, **7**: 281-292

46 Owens S J. An implementation of natural neighbor interpolation in three dimensions. *Master's Thesis*, Brigham, Young University, 1992

47 Sambridge M, Braun J, McQueen H. Geophysical parameterization and interpolation of irregular data using natural neighbours. *Geophys. J. Int.*, 1995, **122**: 837-857

48 Brown J L. System of coordinates associated with points scattered in the plane. *Computer Aided Geometric Design*, 1997, **14**: 547-559

49 Brown J L, Etheridge W L. Local approximation of functions over points scattered in R^n. *Applied Numerical Mathematics*, 1999, **29**: 189-199

50 Dave Watson. The natural neighbor series manuals and source

codes. *Computer & Geoscience*, 1999, **25**: 463 - 466

51 Boissonnat J -D, Cazals F. Natural neighbor coordinates of points on surface. *Computational Geometry*. 2001, **19**: 155 -173

52 Boissonnat J -D, Cazals F. Smooth surface reconstruction via natural neighbour interpolation of distance function. *Computational Geometry*. 2002, **22**: 185 - 203

53 François Anton, Darka Mioc, Alain Fournier. Reconstructing 2D images with natural neighbour interpolation. *The Visual Computer*, 2001, **17**: 134 - 146

54 Chongjiang Du. An interpolation method for Grid-based terrain modeling. *The Computer Journal*, 1996, **39**(10): 837 - 843

55 Apprato D, Arcangeli R, Gout J L. Sur les elements finis rationnels de Wachspress. *Numer. Math.*, 1979, **32**: 247 - 270

56 Gout J L. Construction of a Hermite rational "Wachspress type" finite element. *Comp. Math. & Appl.*, 1979, **5**: 337 -347

57 Gout J L. Rational "Wachspress type" finite element on regular hexagons. *IMA J. Numer. Anal.*, 1985, **5**: 59 - 77

58 Powar P L, Rana S S. Construction of "Wachspress type" rational basis functions over rectangles. *Proc. Indian Acad. Sci. (Math. Sci.)*, 2000, **110**(1): 69 - 77

59 Dahmen W, Dikshit H P, Ojha A. On Wachspress quadrilateral patches. *Computer Aided Geometric Design*, 2000, **17**: 879 - 890

60 Dikshit H P, Ojha A. On C1-Continuity of Wachspress quadrilateral patches. *Computer Aided Geometric Design*, 2002, **19**: 207 - 222

61 Dikshit H P, Ojha A. A simple subdivision formula for

quadrilateral Wachspress patches. *Computer Aided Geometric Design*, 2003, **20**: 395 - 399

62 Gautam Dasgupta. Interpolants within convex polygon: Wachspress' shape functions. *Journal of Aerospace Engineering*, 2003, **16**(1): 1 - 8

63 Gautam Dasgupta. Integration within polygonal finite element. *Journal of Aerospace Engineering*, 2003, **16**(1): 9 - 18

64 Elisabeth Anna Malsch, Gautam Dasgupta. Interpolations for temperature distributions: A method for all non-concave polygons. *International Journal of Solid and Structures*, 2004, **41**(8): 2165 - 2188

65 Joe Warren. Creating multi-sided rational Bezier surfaces using base points. *ACM Transaction on Graphics*, 1992, **11**(2): 127 -139

66 Joe Warren. Multi-sided rational surface patches with independent boundary control. URL: *http://www.cs.rice.edu/-jwarren/papers/basepoints*

67 Joe Warren. Barycentric coordinates for convex polytopes. *Advances in Computational Mathematics*, 1996, **6**: 97 - 108

68 Joe Warren. On the uniqueness of barycentric coordinates. *Contemporary Mathematics*, *Proceedings of AGGM'02 American Mathematical Society*, 2003, 93 - 99

69 Joe Warren, Scott Schaefer, Anil N Hirani, Mathieu Desbrun. Barycentric coordinates for convex sets. *Technical Report*, Rice University, 2003

70 Michael S. Floater. Mean value coordinates. *Computer Aided Geometric Design*, 2003, **20**: 19 - 27

71 Gross L, Farin G. A transfinite form of Sibson's interpolant. *Discrete Applied Mathematics*, 1999, **93**: 33 - 50

72 Hisamoto Hiyoshi, Kokichi Sugihara. An interpolant based on line segment Voronoi Diagrams. *Technical Report METR* 99-02, University of Tokyo 1999

73 Rvachev V L, Sheiko T I, Shapiro V, *et al*. Transfinite interpolation over implicitly defined sets. *Technical Report*, *Spatial Automation Laboratory*, University of Wisconsin-Madison, 2000

74 Coons S. Surfaces for computer aided design. *Technical Report*, MIT, 1964

75 Barnhill R. Coons' patches. *Computes in Industry*, 1982, **3**: 37-43

76 汪多江. Coons 曲面角点信息计算与应用. 现代机械, 1995, **4**: 30-32

77 Seong-Whan Lee, Eun-Soon Kim, Yuan Tang. Nonlinear shape restoration of distorted image with Coons transformation. *Pattern Recognition*, 1996, **29**(2): 217-229

78 Lazhu Wang, Xinxiong Zhu, Zesheng Tang. Coons type blending B-spline (CNSBS) surface and its conversion to NURBS surface. *Comput. & Graphics*, 1997, **21**(3): 297-303

79 张贵仓. G^2 连续的 Coons 双三次曲面. 西北工业大学学报, 1997, **15**(1): 145-150

80 张贵仓. 空间插值的 Coons 曲面. 西北师范大学学报(自然科学版), 1997, **33**(3): 21-23

81 张廷杰,邱佩璋,李海涛. Coons 型分形曲面的生成方法. 软件学报, 1998, **9**(9): 709-712

82 邱佩章,张廷杰,张　朋. Coons 型分形曲面. 工程图学学报, 1999, **2**: 8-14

83 陈　辉, 张彩明. 用边界曲线构造 C1-Coons 曲面确定扭矢的方法. 高校应用数学学报, 增刊,1998, **13**A, 79-85

84 赵艳霞，张　宗．以双三次 Coons 曲面片为基础构造工程曲面的研究．郑州轻工业学院学报，1999，**14**(1)：25－28

85 G Farin，D Hansford. Discrete Coons patches. *Computer Aided Geometric Design*. 1999，**16**：691－700

86 王国强，杨东援，朱照宏．Coons 曲面模型在道路交叉口立面设计中的应用．计算机辅助工程，1999，**1**：46－49

87 裴玉龙，邓建华．双线性 Coons 曲面在平面交叉口竖向设计中的应用．哈尔滨建筑大学学报，2002，**35**(1)：113－116

88 丁建梅．双线性 Coons 曲面辅助设计竖向平面交叉口技术探讨．黑龙江大学自然科学学报，2002，**19**(4)：60－63

89 邱　钧，孙洪泉，韩　伟．二元正态分布函数(Coons 曲面法)插值研究．工程图学学报，2002，**3**：139－144

90 戴　芳，许晓革，邱佩璋．Coons 型分形曲面片在静止图像恢复中的应用．工程图学学报，2002，**3**：165－168

91 戴　芳，许晓革，邱佩璋．基于特征块的图象仿真的 Coons 构造方法．数学的实践与认识，2002，**32**(2)：297－300

92 李　杨，汤文成，刘海晨．双三次 Coons 曲面的拓展 C-Coons 曲面．机械制造与研究，2002，**5**：9－12

93 李　杨，汤文成，刘海晨．C-Coons 曲面片及其性质．计算机辅助设计与图形学学报．2003，**15**(9)：1177－1180

94 Kenjiro T Miura，Masashi Adachi，Hiroaki Chiyokura. Patch Interpolation using edge-based blending function. URL：*ktml1.eng.shizuoka.ac.jp/profile/ktniura*

95 钱伟长，黄　黔，冯　伟．对称复合材料层合板弯曲的三维数值分析．应用数学和力学，1994，**15**(1)：1－6

96 钱伟长，黄　黔，冯　伟．复合材料对称层合板单向拉伸与面内剪切下的三维应力分析．应用数学和力学，1994，**15**(2)：95－103

97 Anderheggen E，Korvink J G，Roos M，*et al*. NM-SESES Finite Element Software for Computer Aided Engineering：User

Manual, Version March 2004. NM Numerical Modelling GmbH, Alte Landstrasse 88, CH－8800 Thalwil, Switzerland, Internet: *http: //www. nmtec. ch*

98 胡恩球,张新访,向　文等. 有限元网格生成方法发展综述. 计算机辅助设计与图形学学报,1997,**9**(4): 378－383

99 关振群,宋　超,顾元宪等. 有限元网格生成方法研究的新进展. 计算机辅助设计与图形学学报,2003,**15**(1): 1－14

100 Lasser D, Stuttgen T. Boundary improvement of piecewise linear Interpolants defined over Delaunay triangulations. *Computers Math. Applic.*, 1996, **32**(10): 43－58

101 Lasser D, Stuttgen T. Interior improvement of piecewise linear Interpolants defined over Delaunay triangulations. *Computers Math. Applic.*, 1998, **36**(4): 21－36

102 田　砾,杨　明,孙雪飞等. 钢纤维混凝土细观结构数值模拟自动生成技术—多边形骨料生成与有限元网格的剖分. 青岛建筑工程学院学报,1998, **19**(4): 1－5

103 徐恩浩,杨建新. 判别二维有限元网格图的简便算法. 计算力学学报,2001, **18**(1): 61－63

104 Jonathan Richard Shewchuk. Delaunay refinement algorithm for triangular mesh generation. *Computational Geometry*, 2002, **22**: 21－74

105 Jonathan Richard Shewchuk. TRIANGLE: A two-dimensional quality mesh generation and Delaunay triangulator. University of California at Berkeley, 2003, *http: //www－2. cs. cmu. edu/ -quake/triangle. html*

106 Rashid M, Gullett P. On a finite element method with variable element topology. *Computer Methods in Applied Mechanics and Engineering*, 2000, **190**: 1509－1527

107 Philip Michael Gullett. The variable element topology finite

element method. *Dissertation*, University of California, 2001

108 Ghosh Somnath, Lee Kyunghoon, Moorthy Suresh. Multiple scale analysis of heterogeneous elastic structures using homogenization theory and Voronoi cell finite element method. *International Journal of Solids and Structures*, 1995, **32**(1): 27-62

109 Ghosh Somnath, Kyunghoon Lee, Moorthy Suresh. Two scale analysis of heterogeneous elastic-plastic materials with asymptotic homogenization and Voronoi cell finite element model. *Computer Methods in Applied Mechanics and Engineering*, 1996, **132**(1-2): 63-116

110 Ghosh Somnath, Nowak Zdzislaw, Kyunghoon Lee. Quantitative characterization and modeling of composite microstructures by Voronoi cells. *Acta Materialia*, 1997, **45**(6): 2215-2234

111 Ghosh S, Nowak Z, Lee K. Tessellation-based computational methods for the characterization and analysis of heterogeneous microstructures. *Composites Science and Technology*, 1997, **57**(9-10): 1187-1210

112 Ghosh S, Li M, Moorthy S, *et al*. Microstructural characterization, meso-scale modeling and multiple-scale analysis of discretely reinforced materials. *Materials Science and Engineering*, 1998, **249**(1-2): 62-70

113 Ghosh S, Moorthy S. Particle fracture simulation in non-uniform microstructures of metal-matrix composites. *Acta Materialia*, 1998, **46**(3): 965-982

114 Ghosh Somnath, Ling Yong, Majumdar Bhaskar, *et al*. Interfacial debonding analysis in multiple fiber reinforced composites. *Mechanics of Materials*, 2000, **32**(10): 561-591

115 Ghosh Somnath, Lee Kyunghoon, Raghavan Prasanna. A multi-level computational model for multi-scale damage analysis in composite and porous materials. *International Journal of Solids and Structures*, 2001, **38**(14): 2335 - 2385
116 Lee Kyunghoon, Ghosh Somnath. Small deformation multi-scale analysis of heterogeneous materials with the Voronoi cell finite element model and homogenization theory. *Computational Materials Science*, 1996, **7**(1 - 2): 131 - 146
117 Lee K, Ghosh S. A microstructure based numerical method for constitutive modeling of composite and porous materials. *Materials Science and Engineering*, 1999, **272**(1): 120 - 133
118 Lee Kyunghoon, Moorthy Suresh, Ghosh Somnath. Multiple scale computational model for damage in composite materials. *Computer Methods in Applied Mechanics and Engineering*, 1999, **172**(1 - 4): 175 - 201
119 Moorthy S, Ghosh S. Particle cracking in discretely reinforced materials with the Voronoi cell finite element model. *International Journal of Plasticity*, 1998, **14**(8): 805 - 827
120 Moorthy Suresh, Ghosh Somnath. Adaptivity and convergence in the Voronoi cell finite element model for analyzing heterogeneous materials. *Computer Methods in Applied Mechanics and Engineering*, 2000, **185**(1): 37 - 74
121 Li M, Ghosh S, Richmond O. An experimental-computational approach to the investigation of damage evolution in discontinuously reinforced aluminum matrix composite. *Acta Materialia*, 1999, **47**(12): 3515 - 3532
122 Li M, Ghosh S, Richmond O, *et al*. Three dimensional characterization and modeling of particle reinforced metal matrix composites: part I: Quantitative description of

microstructural morphology. *Materials Science and Engineering*, 1999, **265**(1－2): 153－173

123 Li M, Ghosh S, Richmond O, *et al*. Three dimensional characterization and modeling of particle reinforced metal matrix composites part Ⅱ: damage characterization. *Materials Science and Engineering*, 1999, **266**(1－2): 221－240

124 Raghavan Prasanna, Moorthy Suresh, Ghosh Somnath, *et al*. Revisiting the composite laminate problem with an adaptive multi-level computational model. *Composites Science and Technology*, 2001, **61**(8): 1017－1040

125 Raghavan P, Ghosh S. Concurrent multi-scale analysis of elastic composites by a multi-level computational model. *Computer Methods in Applied Mechanics and Engineering*, 2004, **193**(6－8): 497－538

126 郭 然. 颗粒增强复合材料界面脱层和热机疲劳性能的数值模拟. 博士学位论文,清华大学,2003

127 Guo R, Shi H J, Yao Z H. Modeling of interfacial debonding crack in particle reinforced composites using Voronoi cell finite element method. *Computational Mechanics*, 2003, **32**(1－2): 52－59

128 Pasquale Vena, Dario Gastaldi, Roberto Contro. The Voronoi cell finite element method for mechanical characterization of graded ceramic coatings on artificial joints. In: 2003 *Summer Bioengineering Conference*, June 25 － 29, Sonesta Beach Resort in Key Biscayne, Florida, 1167－1168

129 Zhang J, Katsube N. A hybrid finite element method for heterogeneous material with randomly dispersed rigid inclusions. *International Journal for Numerical Method in Engineering*, 1995, **38**: 1635－1653

130 Zhang J, Katsube N. A polygonal element approach to random heterogeneous media with rigid ellipses or elliptical voids. *Computer Methods in Applied Mechanics and Engineering*, 1997, **148**(3-4): 225-234

131 范亚玲,张远高,陆明万. 二维任意多边形有限单元. 力学学报,1995, **27**(6): 742-746

132 Schwoppe A. A class of convex, polygonal bounded finite element. In: H A Mang, F G Rammerstorfer, J Eberhardsteiner, Eds. *WCCM V, Fifth World Congress on Computational Mechanics*, Vienna, Austria, 2002

133 El-Zafrany A, Cookson R A. Derivation of Lagrangian and Hermitian shape functions for quadrilateral elements. *International Journal for Numerical Method in Engineering*, 1986, **23**: 1939-1958

134 Zheng Zhaobei, Xia Zhiqiang. Coons' surface method for formulation of finite element of plates and shells. *Computer & Structures*, 1987, **27**(1): 79-88

135 Provatidis Ch, Kanarachos A. Performance of a macro-FEM approach using global interpolation (Coons') function in axisymmetric potential problems. *Computer & Structures*, 2001, **79**: 1769-1779

136 Provatidis C G. Coons-patch macroelements in potential Robin problems. *Forschung im Ingenieurwesen*, 2002, **67**: 19-26

137 Christopher G Provatidis. Analysis of axisymmetric structure using Coons' interpolation. *Finite Element in Analysis and Design*, 2003, **39**: 535-558

138 Christopher G Provatidis. Coons-patch macroelements in two-dimensional eigenvalue and scalar wave propagation problems. *Computer & Structures*, 2004, **82**: 383-395

139 Duarte C Armando. A Review of some meshless methods to solve partial differential equations. *TICAM Report* 95－06, The University of Texas at Austin, 1995

140 Belytschko T, Krongauz Y, Organ D, *et al*. Meshless methods: An overview and recent developments. *Int. J. Numer. Methods Eng*. 1994, **37**: 3－47

141 周维垣,寇晓东. 无单元法及其工程应用. 力学学报, 1998, **30**(2): 193－201

142 宋康祖,陆明万,张 雄. 固体力学中的无网格方法. 力学进展,2000, **30**(3): 55－65

143 曹国金,姜弘道. 无单元法研究和应用现状及动态. 力学进展, 2002,**32**(4): 526－534

144 Cueto E, Sukumar N, Calvo B, *et al*. Overview and recent advances in natural neighbour Galerkin methods. *Archives of Computational Methods in Engineering*, 2003, **10**(4): 307－384

145 Belytschko T, Lu Y Y, Gu L. Element-free Galerkin methods. *International Journal for Numerical Methods in Engineering*. 1994, **37**: 229－256

146 龙述尧,陈莘莘. 弹塑性力学问题的无单元迦辽金法. 工程力学,2003, **20**(2): 66－70

147 Braun J, Sambridge M. A numerical method for solving partial differential equations on highly irregular evolving grids. *Nature*, 1995, **376**: 655－660

148 程玉民,陈美娟. 弹性力学的一种边界无单元法. 力学学报, 2003, **35**(2): 181－186

149 Lancaster P, Salkauskas K. Surface generated by moving least square methods. *Mathematics of Computation*, 1981, **37**(155): 141－158

150 Krongauz Y, Belytschko T. Enforcement of essential boundary conditions in meshless approximations using finite elements. *Comput. Methods Appl. Mech. Engrg.* 1996, **131**: 133 - 145

151 Beissel S, Belytschko T. Nodal intergration of the element-free Galerkin method. *Comput. Methods Appl. Mech. Engrg.*, 1996, **139**: 49 - 74

152 Sambridge M, Braun J, McQueen H. Computational methods for natural neighbour interpolation in two and three dimensions. In May and Easton ed. *The Seventh Biennial Computational Techniques and Applications Conference*, 3 - 7 July 1995, Melbourne, Australia, *Proceedings of CTAC95*, World Scientific, Singapore, 1996, 685 - 692

153 Cueto E, Sukumar N, Calvol B, *et al*. Overview and recent advances in natural neighbour Galerkin methods. *Archives of Computational Methods in Engineering*, 2003, **10**(4): 307 - 384

154 王兆清,冯　伟. 自然单元法研究进展. 力学进展,2004, **34**(4): 455 - 463

155 Sukumar N. A note on natural neighbor interpolation and the natural element method (NEM). URL: *http://dilbert.engr.ucdavis.edu/-suku*, 1997. 11

156 Sukumar N, Moran B, Belytschko T. The natural element method in solid mechanics. *International Journal for Numerical Methods in Engineering*. 1998, **43**: 839 - 887

157 Sukumar N. The natural element method in solid mechanics. *Dissertation*, Northwestern University, 1998

158 Sukumar N, Moran B. C^1 natural neighbor interpolant for partial differential equations. *Numerical Methods for Partial Differential Equations*. 1999, **15**(4): 417 - 447

159 Bueche D, Sukumar N, Moran B. Dispersive properties of the natural element method. *Computational Mechanics*, 2000, **25**: 207－219

160 Sukumar N. Sibson and non-Sibsonian interpolations for elliptic partial differential equations. In: K J Bathe, ed. *First MIT Conference on CFSM*, 12－15 June 2001, MIT Cambridge, USA, *Proceedings of First MIT Conference on Computational Fluid and Solid Mechanics*. Elsevier, Cambridge, USA, 2001, 1665－1667

161 Sukumar N, Moran B, Yu Semenov A, *et al*. Natural neighbor Galerkin methods. *International Journal for Numerical Methods in Engineering*. 2001, **50**: 1－27

162 Sukumar N. Meshless methods and partition of unity finite elements. In V. Brucato Ed. *Proceedings of the Sixth International ESAFORM Conference on Material Forming*, Salerno, Italy, 2003, 603－606

163 Melenk J M, Babuska I. The partition of unity finite element method: basic theory and application. *Computer Methods in Applied Mechanics and Engineering*, 1996, **139**: 237－262

164 Sukumar N. Voronoi cell finite difference method for the diffusion operator on arbitrary unstructured grids. *International Journal for Numerical Methods in Engineering*. 2003, **57**: 1－34

165 朱怀球,吴江航. 一种基于 Voronoi Cells 的 C^∞ 插值基函数及其在计算流体力学中的若干应用. 北京大学学报(自然科学版), 2001, **37**(5): 669－678

166 蔡永昌,朱合华,王建华. 基于 Voronoi 结构的无网格局部 Petrov-Galerkin 方法. 力学学报, 2003, **35**(2): 187－193

167 Cueto E, Doblare M, Gracia L. Imposing essential boundary conditions in the natural element method by means of density-

scaled α-shapes. *Int. J. Numer. Meth. Engng*, 2000, **49**: 519 - 546

168 Cueto E, Calvo B, Doblare M. Modelling three-dimensional piece-wise homogeneous domains using the α-shape-based natural element method. *Int. J. Numer. Meth. Engng*, 2002, **54**: 871 - 897

169 Cueto E, Cegonino J, Calvo B, *et al*. On the imposition of essential boundary conditions in natural neighbour Galerkin methods. *Commun. Numer. Meth. Engng*, 2003, **19**: 361 - 376

170 Sergio R Idelsohn, Eugenio Onate, Nestor Calvo, *et al*. Meshless finite element ideas. In: H A Mang, F G Rammerstorfer, J Eberhardsteiner, Eds. WCCM V, *Fifth World Congress on Computational Mechanics*, Vienna, Austria, 2002

171 Barry W. A Wachspress meshless local Petrov-Galerkin method. *Engineering Analysis with Boundary Elements*, 2004, **28**: 509 - 523

172 张灿辉. 非线性杂交应力有限元方法和复合材料层合结构层间效应分析. 博士学位论文,上海大学,2002

173 Schmauder S. Computational mechanics. *Annu. Rev. Mater. Res*. 2002, **32**: 437 - 465

174 王龙甫. 弹性理论. 北京：科学出版社,1984

175 仇淑芬. 数学物理方程. 首都师范大学出版社,北京,1997, 164 -165

176 王载舆. 数学物理方程及特殊函数. 北京：清华大学出版社,1991

177 严镇军. 数学物理方程. 合肥：中国科学技术大学出版社,1989

178 Yan Zhao. Multi-sided surface patch generation and vertex

blending. Dissertation. Arizona State University, 1995

179 Jonathan Richard Shewchuk. Delaunay refinement mesh generation. Dissertation. Carnegie Mellon University, Pittsburgh, PA, 1997

180 Franz Aurenhammer, Rolf Klein. Voronoi diagram. *In Handbook of Computational Geometry*, edited by Jörg-Rüdiger Sack, Jorge Urrutia, Elsevier Science Publishers B. V. North-Holland, Amsterdam, 2000, 201 - 290.

181 Green P. J., Sibson R. R. Computing Dirichlet tessellations in the plane. *The Computer Journal*, 1978, **21**: 168 - 173

182 Peter Su, Robert L. Scot Drysdale. A comparison of sequential Delaunay triangulation algorithms. *Computational Geometry*, 1997, **7**: 361 - 385

183 Karoly bezdek. A lower bound for the mean width of Voronoi polyhedra of unit ball packings in E^3. *Arch. Math.* 2000, **74**: 392 - 400

184 Geoge P L, Hecht F, Saltel E. Automatic mesh generation with specified boundary. *Computer Methods in Applied Mechanics and Engineering*, 1991, **24**(2): 269 - 288

185 Marc Vigo, Nuria Pla. Computing directional constrained Delaunay triangulations. *Computers & Graphics*, 2000, **24**: 181 - 190

186 Seed G M. Delaunay and Voronoi tessellations and minimal simple cycle in triangular region and regular - 3 undirected planar graphs. *Advances Engineering Software*, 2001, **32**: 339 - 351

187 Kenji Shimada, David C Gossard. Automatic triangular mesh generation of trimmed parametric surface for finite element analysis. *Computer Aided Geometric Design*, 1998, **15**: 199 - 222

188 Indermitte C, Liebling Th M, Troyanov M, *et al*. Voronoi diagrams on piecewise flat surfaces and an application to biological growth. *Theoretical Computer Science*, 2001, **263**: 263 - 274

189 程卫国,冯　峰,姚　东等编著. MATLAB 5.3 应用指南. 北京:人民邮电出版社,1999

190 导向科技 编著. MATLAB 6.0 程序设计与实例应用. 北京:中国铁道出版社,2001

191 吴永礼. 计算固体力学方法. 北京:科学出版社,2003

192 Ureña F, Benito J J, Alvarez R. Adaptive algorithm in the 3-D generalized finite difference method. In: H A Mang, F G Rammerstorfer, J Eberhardsteiner, Eds. WCCM V (CD-ROM), *First World Congress on Computational Mechanics*, Vienna, Austria, 2002

193 廖晓钟,赖　汝. 科学与工程计算. 北京:国防工业出版社,2003,211 - 252

194 Young W Kwon, Hyochoong Bang. *The finite element method using MATLAB*. Boca Raton: CRC Press, 1997

195 Courant R, Hilbert D. 熊振翔,杨振辰 译. 数学物理方程. 北京:科学出版社,1977

196 嵇　醒,臧跃龙,程玉民. 边界元法进展及通用程序. 上海:同济大学出版社,1997

197 Pian T H H. Derivation of element stiffness matrices by assumed stress distribution. *AIAA Journal*, 1964, **2**: 1333 - 1336

198 孙树勋. 弹性力学. 山东工业大学讲义,1997

199 Jack Chessa. Programing the Finite Element Method with Matlab. Northwestern University, *http: //www. tam. northwestern. edu/jfc*795/ *Matlab*/, 2002

200 Jochen Alberty, Carsten Carstensen, Stefan A Funken.

Remarks around 50 lines of Matlab: short finite element implementation. *Numerical Algorithms*, 1999, **20**: 117 - 137

201 Zienkiewicz O C, Taylor. R L The finite element patch test revisited: A computer test for convergence, validation and error estimates. *Computer Methods in Applied Mechanics and Engineering*, 1997, **149**: 223 - 254

202 Thibaux P, Chastel Y, Chaze A -M. Finite element simulation of a two-phase viscoplastic material: calculation of the mechanical behaviour. *Computational Materials Science*, 2000, **18**: 118 - 125

203 Steinkopff Th, Sautter M. Simulation the elasto-plastic behavior of multiphase materials by advanced finite element techniques Part Ⅰ: a rezoning techniques and the multiphase element method. *Computational Materials Science*, 1995, **4**: 10 - 14

204 Steinkopff Th, Sautter M. Simulation the elasto-plastic behavior of multiphase materials by advanced finite element techniques Part Ⅱ: simulation of the deformation behavior of Ag-Ni composites. *Computational Materials Science*, 1995, **4**: 15 - 22

205 Sukumar N, Chopp D L, Moes N, *et al*. Modelling holes and inclusions by level sets in the extended finite-element method. *Computer Methods in Applied Mechanics and Engineering*, 2001, **190**: 6183 - 6200

致　谢

本文是在导师冯伟教授的直接指导下完成的，导师根据作者的具体情况，为作者选定了研究方向. 在论文选题、文献调研、研究方案的确定及论文的撰写等方面倾注了导师大量的心血. 导师渊博的学识、严谨的治学态度、诲人不倦的精神令作者受益匪浅和终生难忘. 从导师那里作者逐步学习掌握了科学研究的方式方法，为今后的研究奠定了基础. 在此向导师冯伟教授表示衷心的感谢！

程玉民教授在作者学习期间，给予了极大的帮助和鼓励. 在文献查阅、研究手段和论文框架等方面，提出了许多指导性的建议，使作者顺利完成博士阶段的学习和研究. 在此向程玉民教授深表谢意！

感谢李树忱博士在文献查阅方面的帮助.

感谢魏高峰博士在学习和生活上的关心和帮助.

感谢刘　涛博士、秦义校博士、戴保东博士、陈志勇博士、马文锁博士、陈　彤博士、张　伟博士、杨晓东博士以及檀晓红硕士、陈美娟硕士、郑宝文硕士、赵华松硕士、丁巨岳硕士、王志灵硕士、张承斌硕士和张　赞硕士在学习和生活上的帮助.

感谢郑志银副教授、马永其副教授、秦志强副研究馆员的关心和帮助.

感谢妻子李淑萍和儿子王子晟，是他们的支持和关心，使我顺利完成博士阶段的学习.

最后，向所有关心和帮助过我的人们表示真诚的谢意！

2004 年 11 月于上海大学